Discovery EDUCATION

맛있는 과학

디스커버리 에듀케이션
맛있는 과학 - 07 도구의 과학

1판 1쇄 발행 | 2011. 11. 4.
1판 5쇄 발행 | 2026. 3. 17.

발행처 김영사
발행인 박강휘
등록번호 제 406-2003-036호
등록일자 1979. 5. 17.
주 소 경기도 파주시 문발로 197(우10881)
전 화 마케팅부 031-955-3102 편집부 031-955-3113~20
팩 스 031-955-3111

값은 표지에 있습니다.
ISBN 978-89-349-5261-9 64400
ISBN 978-89-349-5254-1 (세트)

좋은 독자가 좋은 책을 만듭니다. 김영사는 독자 여러분의 의견에 항상 귀 기울이고 있습니다.
독자의견전화 031-955-3139 | 전자우편 book@gimmyoung.com | 홈페이지 www.gimmyoungjr.com
어린이들의 책놀이터 cafe.naver.com/gimmyoungjr | 드림365 cafe.naver.com/dreem365

| 어린이제품 안전특별법에 의한 표시사항 | **제품명** 도서 **제조년월일** 2026년 3월 17일
제조사명 김영사 **주소** 10881 경기도 파주시 문발로 197 **전화번호** 031-955-3100 **제조국명** 대한민국
사용 연령 8세 이상 ⚠**주의** 책 모서리에 찍히거나 책장에 베이지 않게 조심하세요.

최고의 어린이 과학 콘텐츠

디스커버리 에듀케이션 정식 계약판!

Discovery EDUCATION

맛있는 과학

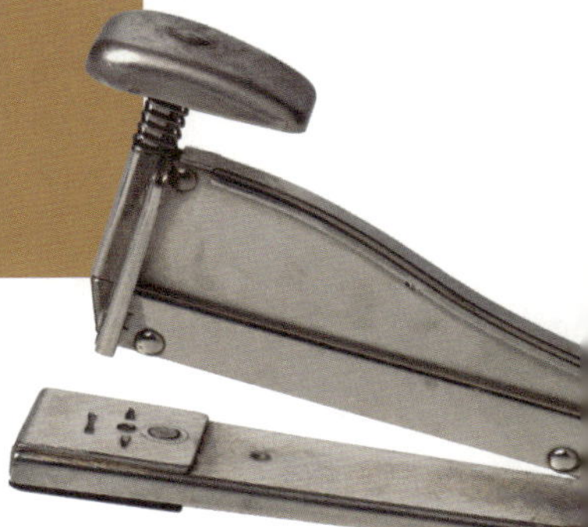

7 | 도구의 과학

김민정 글 | 백수정 그림 | 류지윤 외 감수

주니어김영사

차례

1. 도구의 역사

2. 내 방에 있는 도구들

3. 거실에 있는 도구들

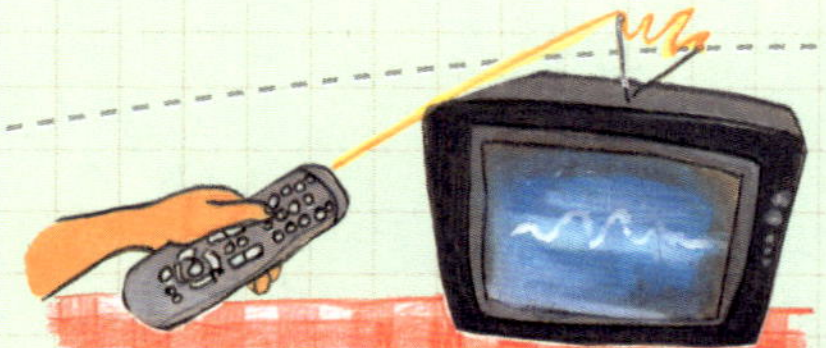

4. 주방에 있는 도구들

5. 놀이터에 있는 도구들

6. 그 밖의 도구들

관련 교과

중학교 1학년 9. 정전기

1. 도구의 역사

사람도 처음에는 자연 속에서 동물과 다름없이 열매를 따 먹고, 동굴에서 추위를 피하며 살았어요. 하지만 서서히 그 생활이 바뀌었어요. 두 발로 서서 걷고 도구를 사용하기 시작했기 때문이에요. 도구를 사용하면서 사람의 생활은 매우 편리해졌어요. 도구의 역사에 대해 차근차근 알아보아요.

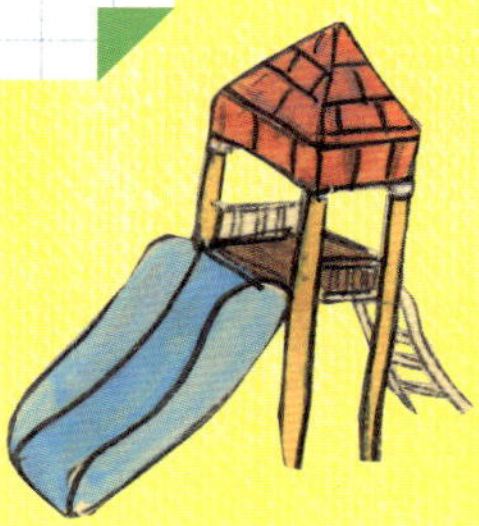

옛날 사람들은 어떤 도구를 사용했을까요?

지금은 여러 가지 도구를 사용해 편리하게 생활하지만 옛날 사람들은 어땠을까요? 사람이 도구를 사용한 역사는 굉장히 오래되었고, 도구는 점점 더 발전해서 지금처럼 편리한 세상이 되었어요.

옛날 사람들은 어떤 도구를 어떻게 사용했을까요? 구석기 시대부터 알아보아요.

구석기 시대의 사람들

구석기 시대의 사람들은 고기잡이, 사냥, 식물의 열매와 뿌리 채집하기로 먹고 살았어요. 들판에 널려 있는 돌을 깨뜨리거나 떼어 내어 도구를 만들었지요. 그것을 우리는 '뗀석기'라고 불러요. 돌을 부수어 만든 뗀석기를 이용해서 사냥해 온 짐승의 껍질을 벗기고 부위별로 자르기도 했어요.

그렇다면 '불' 은 어떤 방법으로 발견했을까요? 바람결에 나무들이 서로 부딪치면서 내는 마찰로 불이 일어나는 것을 보고 불 지피는 방법을 알아냈어요. 그 불로 어둠을 밝히거나 추위를 이겨 내고, 식량을 익혀 먹기도 했어요.

신석기 시대의 사람들

신석기 시대의 사람들은 조, 피 등의 곡식을 재배했어요. 드디어 농사를 짓기 시작한 거예요.

곡식을 재배하기 위해서는 더욱 정교한 도구가 필요했기 때문에 간석기가 등장했어요.

간석기란 원하는 모양이 나올 때까지 돌을 갈아서 만드는 도구로서, 뗀석기보다 좀 더 정교하고 다양한 모양이에요.

간석기를 사용해서 농사를 짓긴 했지만 여전히 식량이 모자랐기 때문에 고기잡이와 사냥은 계속했어요. 간석기를 이용해 사냥 도구를 더 정교하게 만들게 되자 사냥도 구석기 시대보다 더 잘할 수 있게 되었어요.

신석기 시대에는 진흙을 구워 토기도 만들었어요. 그 토기를 이용해 곡식을 저장하거나 음식을 익혀서 먹었지요.

또한 신석기 시대에는 동굴 속에서 생활하던 구석기 시대와는 달리 '움집'을 짓고 살았어요. 움집이란 땅을 파고 다져서 기둥을 세우고, 서까래를 얹어 지붕을 덮은 집을 말해요.

신석기 시대 사람은 돌을 갈아서 좀 더 정교하게 도구를 만들기 시작했다.

신석기 시대에는 사냥만 한 것이 아니라 가축을 직접 기르기도 했어요. 농사는 물론 가축도 기르면서 집단을 이루어 살게 되었어요. 자연에 의존했던 생활에서 벗어나 자연을 활용하고 개발할 수 있는 단계로까지 발전한 거예요.

청동기 시대의 사람들

청동은 구리에 주석이나 납 등을 약간씩 섞어서 구리보다 단단하게 만든 금속을 말해요. 이 청동을 이용해 여러 가지 도구를 만들기 시작했던 때를 청

서까래

목조 건물에서 지붕 밑을 지탱하는 나무를 말해요. 지붕의 기초가 되는 부분이지요.

끌

끝이 날카로운 도구로 다른 도구를 정교하게 다듬을 때 사용해요.

자귀

나무를 깎거나 다듬는 데 사용하는 도구예요.

동기 시대라고 해요.

그렇다면 청동을 이용하여 어떤 도구를 만들었을까요? 얼굴을 비춰 보거나 태양 빛을 반사할 수 있는 거울을 만드는 데 사용했어요. 또한 여러 가지 검, 도끼, 끌, 자귀도 만들었어요.

청동으로 만든 도구는 간석기보다 튼튼해서 훨씬 좋은 농기구와 무기를 만들 수 있게 되었어요. 자연스럽게 농사 기술이 발달하여 농사 짓기 좋은 땅에 사람들이 모여 살기 시작했지요. 또한 무기가 발달하자 강력한 군대가 조직되어 강대한 왕국이 나타났어요. 청동을 이용해서 편리한 도구뿐 아니라 무시무시한 도구도 만들게 된 셈이지요.

TIP 요건 몰랐지?

뗀석기 만드는 방법

뗀석기는 네 가지 방법으로 만들어졌어요. 여러분도 주변에 있는 돌을 가지고 한번 만들어 보세요.

❶

❷

❸
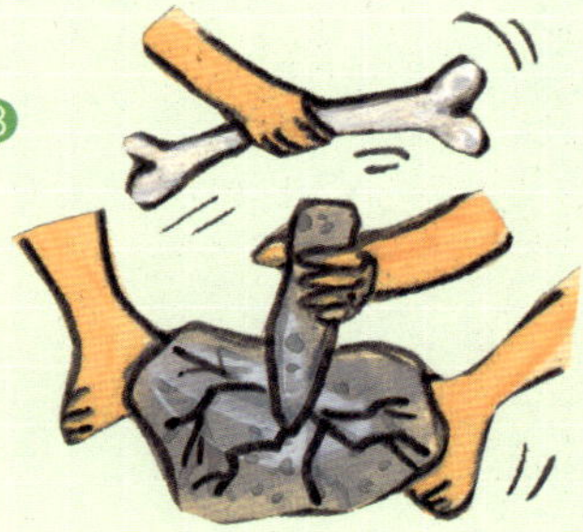

❹

❶ 두 손으로 돌을 쥐고 땅에 있는 큰 돌에 내리친다.
❷ 한 손에 돌을 쥐고 다른 한 손에 다른 돌을 쥐어 서로 부딪친다.
❸ 뼈나 뿔을 이용해 돌을 때린다.
❹ 뾰족한 뿔 도구로 계속 압력을 주어 잔손질을 한다.

전기는 언제부터 사용되었나요?

전기의 발견

전기가 등장하면서 우리의 생활은 크게 변화되었어요. 전기를 이용하여 여러 가지 기계들을 편리하게 다룰 수 있게 되었지요. 무엇보다 전기를 저장할 수 있는 건전지가 발명된 다음부터는 언제 어디서나 전기를 이용할 수 있게 되었어요. 여러분이 길거리를 걸어 다니면서 음악을 듣게 된 것도

전기는 호박이 마찰을 일으킬 때 작은 물체를 끌어당기는 현상을 보고 발견되었다.

바로 건전지 덕분이에요.

그렇다면 전기는 어떻게 발견되었을까요? 그 과정을 차근차근 살펴봅시다.

인간이 전기를 처음 발견한 때는 고대 그리스 시대예요. 많은 발명이 그렇지만 전기도 순전히 우연히 발견되었어요. 호박이라는 광물을 이용해서 장신구를 만들다가 신기한 현상을 보게 된 거예요.

원래 호박은 전기를 띠지 않는 광물이에요. 빛깔이 예뻐서 그 당시에는

빗으로 머리를 마찰하면 전기를 띠게 되어 머리카락에 있던 전자의 일부가 빗 쪽으로 이동한다.

윌리엄 길버트.

장신구를 만드는 데 이용되었어요. 그런데 어느 날 호박의 원석을 구슬같이 둥근 모양으로 만드는 과정에서 호박이 전기를 띤 다른 물질을 끌어당기는 현상을 발견했어요. 어떻게 이런 일이 생겼을까요?

바로 마찰전기 때문이에요. 마찰전기란 어떤 물체에 계속 마찰을 주면 그 물체가 전기를 띠게 되는데, 서로 다른 전기를 띤 물체끼리 끌어당기는 힘을 말해요. 이 사실을 몰랐던 옛날 사람들은 호박에 신기한 힘이 있다고 믿었지요. 그래서 호박을 부적 삼아 몸에 지니고 다녔다고 해요. 철학자들 사이에서는 마법의 돌로 주목받기도 했어요.

그 후 16세기 말, 이 마찰전기를 영국의 물리학자 윌리엄 길버트가 증명했어요. 길버트가 양의 전기와 음의 전기가 서로 끌어당기는 성질이 있다는 사실을 실험으로 증명하면서 '전기'라는 개념이 분명히 생겨났어요.

불꽃을 내는 전기

길버트가 마찰전기를 증명하자 많은 과학자들이 여러 가지 물질을 회전시키며 마찰전기를 만들어 내는 실험을 했어요. 그러던 중 우연히 마른 손으로 회전하는 물체를 만졌고, 이때 강한 전기가 발생하면서 불꽃이 생겼어요. 과학자들은 그 불꽃을 보고 고민하게 되었어요.

'이 불꽃을 모아 생활에서 사용할 수는 없을까?'

이런 고민이 계속되던 중에 네덜란드 레이던 대학교의 피테르 판 뮈스헨브루크라는 과학자가 큰일을 해냈어요. 그는 1746년 유리 용기에 물을 넣고서 전기를 모으는 실험에 성공했어요.

윌리엄 길버트
William Gilbert, 1544~1603

영국의 물리학자이자 의사로서 '자기학의 아버지', '영국 실험 과학의 아버지'라고 불려요. 콜체스터에서 출생하여 케임브리지에서 의학을 배우고 런던에서 개업했어요. 나중엔 엘리자베스 1세의 궁중 의사로 일하기도 했지요. 《자석에 관하여》라는 책에서 전기 현상에 관한 이론을 기록했어요. 이때부터 '전기'라는 단어를 쓰기 시작했답니다.

피테르 판 뮈스헨브루크
Pieter van Musschenbroek, 1692~1761

네덜란드의 실험물리학자예요. 그는 열에 관한 많은 실험을 했으며, 1725년 금속의 팽창을 이용한 고온계를 고안했어요. 특히 독일의 클라이스트와 별도로 창안한 라이덴병이 유명하지요. 전기가 흐르지 않는 유리병에 물을 채우고 전기를 통하게 하면 강한 전기 충격이 생긴다는 사실을 발견한 거예요.

복사기는 마찰전기를 이용한 대표적인 전기 기구이다.

알레산드로 볼타
Alessandro Volta, 1745~1827

이탈리아에서 태어난 물리학자예요. 코모의 왕립학교를 졸업한 후 1774년에 자기가 졸업한 학교의 교수가 되었어요. 볼타의 가장 큰 업적은 연속으로 전류를 공급해 주는 전지를 처음으로 개발했다는 점이지요. 전압을 측정하는 단위인 '볼트'는 1881년 볼타의 업적을 기려 지어진 이름이에요.

이렇게 마찰전기를 이용한 연구가 있었기에 복사기 등 생활에 편리한 여러 전기 기구들이 만들어졌습니다.

전기를 만드는 장치를 발명했어요

1800년에 이탈리아의 물리학자 알레산드로 볼타가 전기의 발생 장치를 발견했어요. 그것은 현재 우리가 이용하는 전지와 같은 원리로 작동해요.

볼타가 전지를 발견한 결과 전류를 연속으로 끄집어낼 수 있게 되어 여러 가지 전기 기구를 발명하게 되었어요.

우리나라에는 언제 전기가 들어왔나요?

1887년 3월 초, 우리나라 궁궐에 전깃불이 켜졌어요. 우리나라에서 최초로 밝혀진 전깃불이었지요.

고종 황제.

왕이었던 고종은 에디슨 전등 회사와 계약을 체결했어요. 1884년 9월에 전등을 궁궐에 설치하기 위해 전기를 만들어 내는 발전 시설과 전등 시설을 설치하기로 했어요. 그 당시 전등은 미국에서도 발명된 지 얼마 안 된 상태였어요.

1886년 말, 에디슨 전등 회사에서 파견한 전기 기사 윌미엄 매케이가 본격적으로 설치 공사를 시작하여, 1887년 3월 초에 우리나라 최초로 궁 안에서 불을 밝힐 수 있었어요.

1899년 5월, 우리나라에서 최초로 전기를 이용한 전차가 운행되었다.

고종
1852~1919

조선의 제26대 왕이에요. 안으로는 흥선 대원군과 명성 황후와의 세력 다툼, 밖으로는 서양 강대국의 문호 개방 압력에 시달렸지요. 1894년 갑오개혁을 실행한 다음 일본의 힘을 빌려 나라를 개혁하려 했으나 실패했어요. 왕으로 있었던 기간은 1863~1907년이에요.

에디슨이 백열등을 발명한 지 7년 5개월 만에 우리나라에도 전등이 켜진 거예요. 등을 켜는 데 사용된 발전기는 건청궁 앞 향원정에 놓인 다리와 우물 중간에 있었으며, 향원정 연못에서 끌어 올린 물, 석탄 연료를 사용한 증기 동력으로 전기를 만들어 냈어요.

그 후, 1899년 5월 4일에 전기를 이용한 전차를 처음 운행했고, 1900년 4월 10일 종로에 거리를 밝히는 용도의 전등이 처음으로 등장했어요. 또한 1901년 8월 17일에는 진고개 일본인 상점 거리와 주택 거리에 600개의 첫 영업용 전등이 밝혀지면서 본격적인 전기 시대가 시작되었어요.

TIP 요건 몰랐지?

정전기를 이용한 복사기의 발명

정전기 현상을 이용해 복사기를 발명한 체스터 칼슨.

문서를 복사하려면 복사기 위에 그 문서를 올려놓고 버튼 하나만 누르면 간단히 해결됩니다.

그렇다면 복사기가 발명되기 전에는 어떤 방법으로 복사했을까요? 하나하나 손으로 그리거나 먹지를 대고 여러 겹의 문서를 한꺼번에 쓰는 방법을 이용했어요.

특허부에서 근무하던 체스터 칼슨은 일할 때 문서를 복사할 일이 많았어요. 그 당시 복사하는 방법은 카본 복사지를 사용하는 것이었는데, 손과 문서에 검정 가루가 묻고 시간도 많이 걸려서 좀 더 빠른 방법이 없을까 고민했어요.

칼슨은 복사기를 발명하기로 결심한 다음, 뉴욕 공공 도서관으로 가서 매일 밤 사진 기술과 빛에 대한 책을 모조리 찾아 읽었어요. 몇 개월 동안 도서관에서 자료를 찾던 중 드디어 단서가 될 만한 자료를 발견했어요. 그것은 헝가리의 과학자 폴 셀레니가 쓴 논문이었어요. 어떤 사물에 빛을 쏘이면 전기가 한 부분에서 다른 부분으로 옮겨 가는 전도성이 증가하는 사실을 바탕으로 정전기로 사진을 복사하는 데 성공한 적이 있다는 내용이었어요.

칼슨은 이 사실을 토대로 복사기를 발명했어요. 문서에 빛을 쏘여 글씨가 있는 부분의 전기 전도성을 증가시켜서 흑연 가루가 글씨 부분에만 달라붙게 하는 원리를 적용한 거예요.

Q&A 꼭 알고 넘어가자!

문제 1 구석기 시대 사람은 어떻게 '불' 을 발견했을까요?

문제 2 청동기 시대의 도구는 신석기 시대의 도구와 비교했을 때 어떤 점이 좋은가요?

3. 호박이라는 광물로 장신구를 만들다가 호박이 전기를 띤 다른 물질을 끌어당기는 현상을 보고 발견했어요. 전기 성분이 전혀 없는 호박이 다른 물체를 끌어당길 수 있었던 것은 바로 마찰전기 때문이에요. 어떤 물체에 계속 마찰을 주면 그 물체가 전기를 띠게 돼요.

4. 체스터 칼슨은 헝가리 과학자가 쓴 논문에서 빛을 쏘이면 전기가 한 부분에서 다른 부분으로 옮겨 가는 전도성이 증가한다는 사실을 바탕으로, 정전기로 사진을 복사했다는 자료를 찾아냈어요. 칼슨은 이 사실을 토대로 문서에 빛을 쏘여 글씨가 있는 부분의 전기 전도성을 증가시켜 글씨 부분에만 흑연 가루가 달라붙는 원리를 이용하여 복사기를 만들었어요.

문제 3 전기는 어떻게 발견되었나요?

문제 4 체스터 칼슨이 복사기를 발명하게 된 과정을 설명해 보세요.

정답

1. 바람결에 나무들이 서로 부딪치면서 내는 마찰로 불이 일어나는 것을 보고 찾아냈습니다. 불로 어둠을 밝히거나 추위를 이겨 내고, 식량을 익혀 먹기도 했어요.

2. 청동으로 만든 도구는 간석기보다 튼튼해서 훨씬 좋은 농기구와 무기를 만들 수 있게 되었어요. 자연스럽게 농사 기술이 발달하여 농사 짓기 좋은 땅에 사람들이 모여 살기 시작했지요. 또한 무기가 발달하자 강대한 왕국이 나타났어요. 청동을 이용하여 편리한 도구뿐 아니라 무시무시한 도구도 만들 수 있어요.

관련 교과

초등 6학년 1학기 1. 빛

중학교 2학년 5. 빛과 파동

2. 내 방에 있는 도구들

지금 여러분의 방을 한번 둘러보세요. 생활을 편리하게 해 주는 도구들이 많지요? 그 도구들이 어떤 원리로 만들어졌는지 궁금하지 않나요? 지금부터 여러분의 방에 있는 도구들에 대해 자세히 알아보아요. 도구들의 원리를 알고 나면 방이 새롭게 보일 거예요.

의자 속에 숨은 과학

의자는 여러 가지 종류가 있어요.

등받이가 없는 의자, 뱅글뱅글 돌아가는 의자, 바퀴가 달린 의자, 다리가 없이 등받이만 있는 좌식 의자 등 매우 다양해요.

의자 바퀴

바퀴가 달린 의자는 들어서 옮기지 않고도 의자의 위치를 아무 때나 바꿀 수 있어서 편리해요. 우리가 의자에 앉아 이리저리 옮겨 다닐 때에도 엉덩이를 떼지 않고 발로 쓱 밀기만 하면 원하는 위치로 이동할 수 있어요.

바퀴에는 어떤 비밀이 있기에 이렇게 편리하게 이동할 수 있도록 도와줄까요?

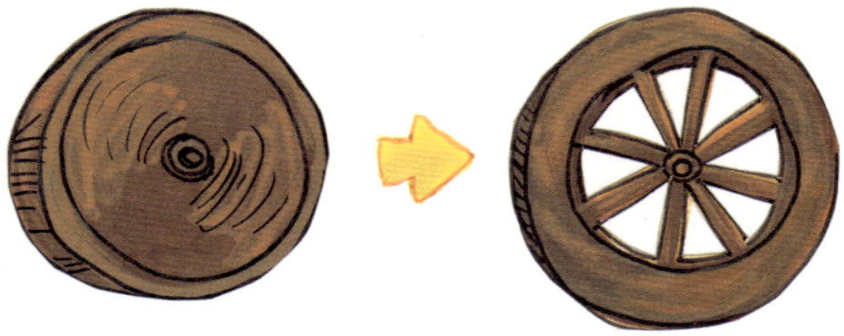

최초의 바퀴 모양과 현재의 바퀴 모양.

지금 우리가 흔히 볼 수 있는 바퀴 모양은 여러 번 변화를 겪은 상태예요. 처음에는 동그란 바퀴 원 안이 꽉 차 있었어요.

그래서 굴릴 때 무겁다는 단점이 있었지요. 이런 점을 보완하기 위해 여러 개의 조각을 이어 바퀴를 만들게 되었어요. 여기에서 점점 더 발전하여 필요 없는 공간을 비우고 바퀴의 테두리와 바퀴살만을 이어 지금의 바퀴 모양을 만들게 되었답니다. 이러한 바퀴는 무게가 가벼워서 바닥과의 마찰도 적고 조금만 힘을 주어도 잘 굴러가요.

의자에는 네 개에서 여섯 개 정도의 작은 바퀴가 달려 있어요. 이렇게 여러 개의 바퀴를 다는 이유는 의자에 앉은 사람의 몸무게로 받게 되는 힘이 여러 개의 바퀴에 나뉘어 가도록 하기 위해서예요.

의자 바퀴에는 회전판이 달려 있어서 힘만 주면 내가 원하는 어떤 방향

으로도 이동할 수 있지요. 그뿐 아니라 의자 바퀴는 단단한 재질을 사용해서 만들었기 때문에 탄성력이 적어요. 위치를 자주 옮겨야 할 때에 많은 힘을 주지 않아도 되기 때문에 매우 편리하지요. 만약 의자 바퀴의 재질이 탄성력이 크다면 의자에 앉은 채 바퀴를 굴릴 때마다 다리에 큰 힘을 주어야 해요. 탄성력이 큰 재질은 힘을 받으면 모양이 쉽게 변하기 때문이에요.

의자 등받이

의자 등받이는 앉은 사람의 허리와 등을 지탱해 주는 역할을 해요. 등받이 부분이 몸에 잘 맞아야 바른 자세로 앉아 있을 수 있어요.

나무처럼 딱딱한 소재로 만든 의자가 아니라면 보통 의자는 등받이와 다리 사이가 탄성이 강한 물질로 이어져 있어요. 그래서 몸을 뒤로 젖히면 등받이도 함께 젖혀지고, 자세를 곧게 세우면 의자 등받이도 곧게 세워지지요.

엉덩이를 받쳐 주는 쿠션

우리가 앉는 엉덩이 부분에 쿠션을 대면 아주 푹신푹신해서 오랜 시간 앉아 있어도 엉덩이가 아프지 않아요. 쿠션 속에는 푹신푹신한 스펀지가 들어 있기 때문이에요.

스펀지는 사이 사이에 구멍이 많아요. 무거운 사람

이 앉으면 구멍이 좁아지면서 부피가 작아지고, 일어나면 구멍이 커지면서 부피가 늘어나요. 이런 스펀지의 구멍 때문에 우리가 오랫동안 편안하게 앉아서 공부할 수 있답니다.

TIP 요건 몰랐지?

일반 자동차 바퀴와 경주용 자동차 바퀴의 차이점

일반 자동차 바퀴.

경주용 자동차 바퀴.
ⓒ MonoganaF1@the Wikimedia Commons

일반 자동차 바퀴는 표면이 울퉁불퉁하지만 경주용 자동차 바퀴는 표면이 매끈해요. 이렇게 차이가 있는 이유는 자동차가 달릴 때 바닥과 바퀴 사이에 생기는 마찰 때문이에요.

바퀴의 표면이 매끄러우면 바닥과의 마찰이 적어서 자동차의 속도가 빨라져요. 그 대신 도로에서는 잘 미끄러지는 위험이 있지요. 만약 일반 자동차 바퀴의 표면을 매끄럽게 만든다면 그만큼 사고가 날 위험이 커지겠지요. 이런 이유 때문에 최대한 빨리 달려야 하는 경주용 자동차 바퀴는 매끄럽게 만들어도, 일반 자동차 바퀴는 사고를 방지하기 위해 최대한 울퉁불퉁하게 만들어요.

자동차 바퀴 하나에도 이렇게 깊은 뜻이 있구나.

침대의 비밀은 용수철

나선형

소라의 껍데기처럼 빙빙 비틀려 돌아간 모양을 말해요.
이 나선형은 용수철뿐 아니라 계단, 방파제 등 여러 곳에서 볼 수 있어요.

침대에 누워 본 적이 있나요? 침대는 푹신푹신해서 편안하게 잠들 수 있게 도와주지요. 바로 탄력이 있는 매트리스 때문이에요. 그렇다면 '침대 요'라고도 불리는 매트리스 속에는 어떤 비밀이 숨어 있을까요?

매트리스 속에는 여러 개의 커다란 용수철이 들어 있어요. 용수철은 철사를 둥글게 감아 만든 것으로, 힘을 주는 방향에 따라 길이가 짧아지거나 길어지고, 힘을 주지 않았을 때에는 다시 원래 길이로 돌아와요. 탄력이 있는 나선형 모양의 쇠줄이라고 할 수 있지요.

침대의 매트리스 속에는 용수철이 들어 있어서 우리 몸을 편안하게 지탱해 준다.

매트리스 안에 바로 이 용수철이 들어 있어서 사람이 누웠을 때에 사람의 무게가 누르는 곳은 힘을 받아서 용수철의 길이가 짧아져요. 무게에 맞게 매트리스가 적절하게 눌려서 푹신푹신한 느낌을 받는 거예요.

딱딱한 방바닥에 누우면 오로지 바닥에 닿는 부분만으로 몸무게를 지탱해야 하기 때문에 시간이 지나면서 바닥에 닿는 부위가 점점 아파 오지요. 하지만 매트리스에 누우면 온몸에 힘이 고르게 나뉘어서 아픈 부위 없이 편안하게 잘 수 있어요.

TIP 요건 몰랐지?

너무 푹신한 침대는 건강을 해쳐요

필요 이상으로 푹신푹신한 침대는 오히려 건강에 좋지 않다는 사실을 알고 있나요? 너무 푹신푹신한 침대에서 잠을 자면 사람의 허리가 휜 상태로 자는 꼴이 되기 때문이에요.

사람의 척추는 곧게 뻗어 있어야 하는데, 푹신한 침대에서 오랜 시간 자면 척추가 점점 휘어 바른 자세를 유지하기 어려워져요.

그러므로 척추의 건강을 위해서는 우리 몸을 고르게 잘 지탱해 줄 수 있는 매트리스를 신중하게 잘 골라야 해요.

내 방의 여러 가지 도구들

의자, 쿠션, 매트리스 외에도 우리 방에는 여러 가지 도구들이 있어요. 하나하나 살펴보아요.

거울

우리는 아침마다 일어나 거울을 보지요. 얼굴에 무엇이 묻지는 않았는지, 옷은 제대로 입었는지 비추어 본 다음에야 집 밖으로 나와요.

아주 먼 옛날에는 거울이 없었어요. 대신 물 위에 자기 모습을 비추어 보거나 청동, 은, 철 등을 매끈하게 갈아서 거울로 사용하기도 했어요.

지금 우리가 사용하는 거울은 유리의 한쪽 면에 수은을 바른 후 연단을 칠해 만들지요.

빛은 매끈매끈한 면을 만나면 반사되어 되돌아 나오는 성질이 있어요. 이런 성질을 이용해서 만든 도구가 바로 거울이에요.

연단

연단이란 납과 산소의 화합물입니다. 붉은색의 가루로서 사산화삼납이라고도 불려요. 이 연단을 칠하면 습기가 날아가지 않아요.

빛은 빛이 들어간 각도 그대로 반사되어 나와요. 거울처럼 아주 매끄러운 물체에서는 빛이 항상 같은 각도로 반사되어 나오

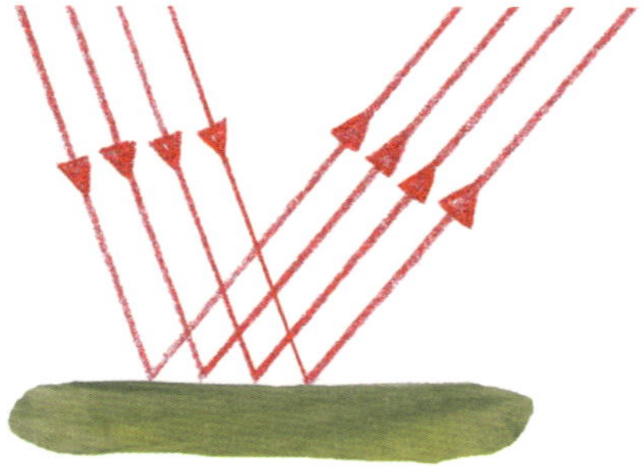

정반사 | 빛은 거울처럼 평평한 면을 만나면 같은 방향으로만 반사된다.

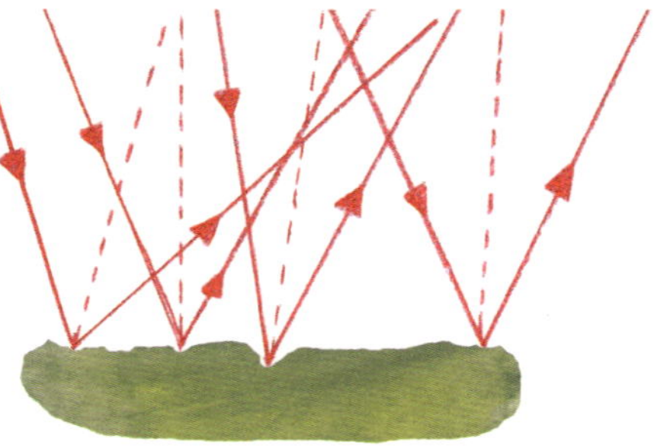

난반사 | 울퉁불퉁한 면을 만난 빛은 여러 방향으로 반사된다.

지요. 이런 빛의 반사를 정반사라고 해요.

하지만 울퉁불퉁한 면을 만난 빛은 제각각 여러 방향으로 반사되어 나오는데 이런 빛의 반사를 난반사라고 해요.

스테이플러

호치키스라고도 부르는 스테이플러는 낱장으로 떨어져 있는 종이들을 한 묶음으로 묶어서 잘 정리하고 보관할 수 있도록 도와주는 편리한 도구예요. 집에서는 물론 학교나 사무실에서 아주 많이 쓰지요.

스테이플러는 지렛대원리를 이용한 도구예요. 스테이플러 속에는 심이 있는데, 심을 넣는 곳에는 용수철이 들어 있어요. 바로 이 용수철이 심을 하나씩 앞으로 밀어 주는 역할을 해요.

용수철은 탄성이 있어서 힘을 주면 길이가 변하지만 힘을 안 주면 원래 길이로 되돌아오려는 성질이 있지요.

스테이플러에 사용되는 용수철은 길이가 길어요. 심을 넣었을 때는 스테이플러 심의 부피 때문에 용수철 길

지렛대원리

지레의 양 끝에 작용하는 힘의 크기와 받침점까지의 길이를 각각 곱한 값은 서로 같다는 사실을 말하는 원리예요. 시소, 병따개, 젓가락, 낚시대 등이 지렛대 원리를 이용한 도구예요.

스테이플러는 지렛대원리를 이용하여 낱장의 종이들을 하나로 묶어 주는 도구이다.

이가 짧아졌다가 심이 하나씩 사용되면서 용수철 길이도 조금씩 길어지지요. 용수철 길이가 길어지면서 스테이플러 심을 앞으로 밀어 주는 역할을 하는 거예요.

또 스테이플러를 처음 눌렀을 때 디귿(ㄷ) 자 모양의 얇은 철심 하나가 종이를 뚫고 통과하지요. 그때 스테이플러를 다시 한 번 꾹 눌러 주면 그 누르는 힘에 의해 디귿 자 모양의 철심 다리 부분이 접히면서 낱장의 종이들을 하나의 묶음으로 만들어 주어요. 스테이플러를 눌렀던 손을 치우면 스테이플러 중간에 박혀 있는 큰 용수철 때문에 손잡이는 다시 원위치로 돌아와요.

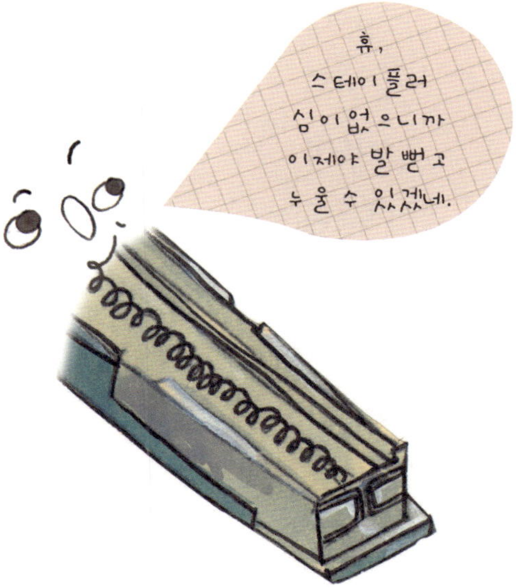

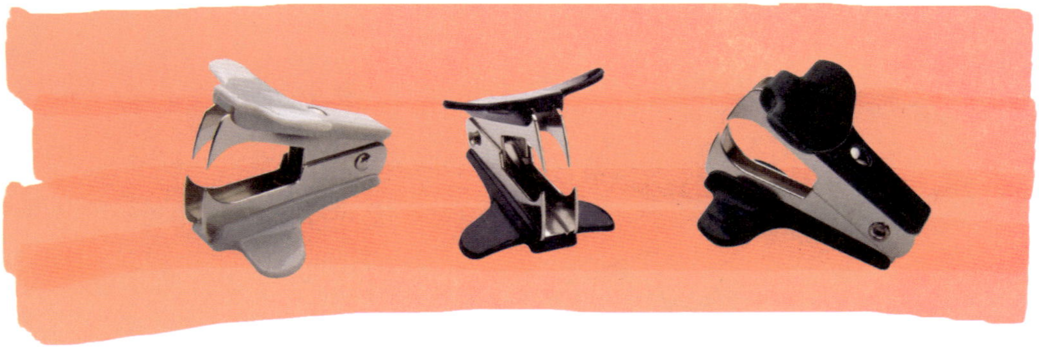

제침기는 지렛대원리를 이용하여 고정되어 있는 스테이플러 심을 간편하게 제거해 준다.

스테이플러 심을 제거해야 할 때 편리하게 사용할 수 있는 도구가 있어요. 바로 제침기예요. 단단하게 고정되어 있는 스테이플러 심을 손으로 빼내려다 보면 손톱이 부러지기도 하고 종이가 뜯겨 버리기도 해요.

제침기는 꽉 눌려서 고정되어 있는 스테이플러 심 사이에 뾰족한 앞부분을 찔러 넣고 손잡이를 밑으로 내려 다리가 접혀 눌려 있는 스테이플러 심을 들어 올리는 역할을 해요. 이 제침기도 지렛대원리를 이용한 도구랍니다.

지렛대원리에 대해서는 4장에서 더 자세히 배울 거예요.

오뚝이

어렸을 때 가지고 놀던 오뚝이 장난감. 오뚝이는 넘어져도 벌떡 다시 일어나기 때문에 붙여진 이름이에요. 어떻게 오뚝이는 넘어져도 다시 일어날 수 있을까요?

오뚝이의 생김새를 보면 얼굴은 작고 배는 둥글둥글한 데다 부피가 커요. 이런 생김새가 넘어져도 곧장 일어서는 오뚝이의 비법이에요. 오뚝이뿐만 아니라 몸의 아래쪽에 무게중심을 둔 사람은 잘 넘어지지 않지요.

여기서 말하는 무게중심이란 물체에 작용하는 중력의 합을 말해요. 중력은 지구가 항상 지구의 중심 방향으로 무게가 있는 모든 것을 잡아당기는 힘을 뜻하지요. 물체의 각 부위에 따라 작용하는 중력의 방향이 서로 다르기 때문에 물체마다 무게중심의 위치가 달라요.

오뚝이 장난감은 무게중심을 잘 잡기 때문에 쓰러져도 곧장 일어설 수 있다.

오뚝이는 무게중심을 아래쪽에 두기 위해 배 부분이 부피가 더 커요. 그래야 안정적으로 설 수 있으니까요. 또한 오뚝이 속에는 오뚝이의 움직임에 따라 왔다 갔다 하는 무거운 물체가 들어 있어요. 그 물체는 오뚝이가 넘어지면 무게중심을 잡고 벌떡 일어설 수 있도록 도와주어요.

몸이 왜 자꾸
밑으로 처지는 것
같지?
나도 그래.
몸이 자꾸
아래로 처져.
그건 바로
지구의 중력
때문이야.

난반사를 이용한 영화 스크린

영화관의 스크린은 난반사를 이용해 만들어져요. 여러 방향으로 빛이 반사되어야 여러 방향에서 화면을 볼 수가 있지요.

영화관에서는 하나의 스크린을 여러 방향에 앉아 있는 많은 사람들이 함께 관람하지요. 만약 영화관의 스크린이 빛을 정반사한다면 정면에 있는 사람만 스크린의 영상을 볼 수 있을 거예요.

영화관의 스크린은 아주 매끄러워 보여서 빛을 난반사할 수 없을 것 같지만, 가까이에서 들여다 보면 우리가 느끼지 못할 만큼 아주 미세하게 울퉁불퉁한 표면을 갖고 있어요. 그래서 어느 방향에서 스크린을 보아도 같은 영상을 볼 수가 있답니다.

Q&A 꼭 알고 넘어가자!

문제 1 일반 자동차 바퀴는 표면이 울퉁불퉁하지만 경주용 자동차 바퀴는 매끈해요. 그 이유는 무엇일까요?

문제 2 방바닥에 누우면 딱딱하지만 침대는 푹신푹신해요. 이유는 무엇일까요?

3. 빛은 매끈매끈한 면을 만나면 되돌아오는 성질이 있어요. 이런 성질을 정반사라고 해요. 정반사 덕분에 우리 모습을 거울에 그대로 비추어 볼 수 있어요.

4. 오뚝이 몸 아래쪽에 무게중심이 있기 때문이에요. 무게중심이란 물체에 작용하는 중력의 합을 말하며, 중력이란 지구가 항상 지구의 중심 방향으로 무게가 있는 모든 것을 잡아당기는 힘을 뜻해요. 또한 오뚝이 속에는 오뚝이의 움직임에 따라 왔다 갔다 하는 무거운 물체가 들어 있어요. 그 물체는 오뚝이가 넘어지면 무게중심을 잡고 벌떡 설 수 있도록 도와주어요.

문제 3 거울은 어떻게 내 모습을 비쳐 줄까요?

문제 4 오뚝이 장난감이 넘어져도 다시 일어날 수 있는 까닭은 무엇인가요?

정답

1. 바퀴 표면이 매끄러우면 바닥과의 마찰이 적어서 자동차의 속도가 빨라져요. 대신 일반 도로에서는 잘 미끄러진다는 위험이 있어요. 그래서 일반 자동차 바퀴의 표면은 사고를 방지하기 위해 표면이 울퉁불퉁하고 경주용 자동차 바퀴는 더 속력을 내기 위해 매끄러워요.

2. 침대의 매트리스 속에는 여러 개의 커다란 용수철이 있는데, 힘을 주면 길이가 짧아지고, 힘을 주지 않으면 원래 길이로 돌아와요. 이 용수철의 탄력 덕분에 우리가 침대에 누웠을 때 용수철 길이가 그 무게만큼 짧아져서 푹신푹신한 느낌을 받아요.

관련 교과

초등 6학년 2학기 6. 편리한 도구

3. 거실에 있는 도구들

거실에도 여러 가지 도구들이 있어요. 버튼만 누르면 세상 소식을 전해 주는 텔레비전, 텔레비전에 달린 버튼을 누르지 않아도 채널을 조작할 수 있게 해 주는 리모컨, 문을 쉽게 열 수 있게 해 주는 문손잡이 등 당연해 보이는 모든 것이 우리 생활을 편리하게 해 주는 도구예요.

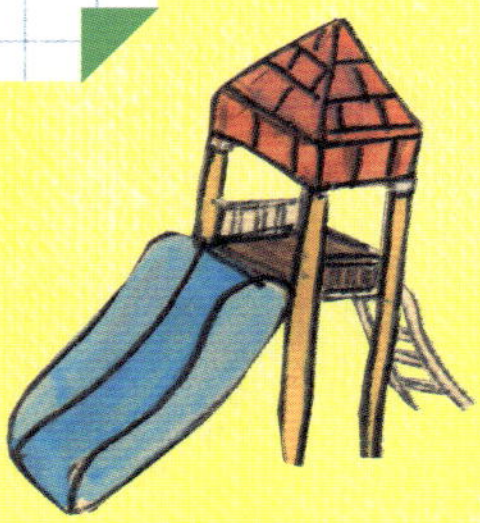

똑똑한 텔레비전

텔레비전은 전원 버튼을 켜기만 하면, 뉴스를 통해 지구에서 일어나고 있는 여러 가지 소식을 들려주고, 새로 나온 노래나 춤을 알려주는 음악 프로그램과 여러 가지 정보를 쉽고도 재미있게 알려 주는 다큐멘터리를 볼 수 있어요.

이처럼 텔레비전은 우리 생활에서 아주 중요한 도구가 되었어요.

텔레비전은 그리스어의 tele(멀리, 멀리 있다)와 라틴어의 visio(보다, 시청하다)가 합쳐진 말로, '멀리 있는 것을 보다.' 라는 뜻이에요. 텔레비전을 줄여서 티브이(TV)라고도 하지요.

어떻게 텔레비전은 영상이 나올까요?

전파를 이용해요

우리가 쉽게 볼 수 있는 텔레비전 프로그램은 어떻게 만들어질까요?

우선 방송국에서 카메라로 영상을 찍어요. 그때 카메라에 담긴 화면을 전기 신호로 바꾼 다음, 송신 안테나를 통해 전파로 멀리 그 신호를 보내요.

가정에서는 수신 안테나에서 잡은 전파로 전기 신호를 해석하여 텔레비전 화면에 카메라로 촬영한 영상을 그대로 비추어 내지요. 텔레비전 영상은 '화소'라고 하는 아주 작은 점들이 모여서 나타나는 거예요. 전파로 받

우리는 텔레비전을 통해 방송국에서 촬영한 화면을 볼 수 있다. 카메라는 화면을 신호로 저장하고, 텔레비전은 전파로 전달된 신호를 해석해 화면으로 나타난다.

은 신호는 이 화소들이 어떤 순서로 배열되어야 하는지 알려 준답니다.

텔레비전의 구조

텔레비전은 회로부, 브라운관, 외장부로 나뉘어요. 회로부는 다시 영상 회로와 음성 회로 두 부분으로 나뉘지요. 영상 회로는 방송국에서 받은 전파 중 영상 부분의 신호를 해석해서 화면에 나타내 주는 역할을 하고, 음성 회로는 전파 중 음성 부분의 신호를 해석해 소리로 내보내는 역할을 해요.

브라운관 부분은 해석해 낸 영상을 여러 개의 화소를 배열하여 화면에 나타내 주지요.

외장부는 텔레비전의 겉을 말해요. 회로부와 브라운관을 고정해 주고 외부의 여러 가지 충격에서 안전하게 보호해 주어요.

리모컨

처음 텔레비전이 가정에 설치되었을 때 채널을 바꾸려면 동그란 바퀴처럼 생긴 채널의 손잡이를 쥐고 돌려야만 했어요.

하지만 점점 가전제품이 발전하면서 버튼 하나만 누르면 손쉽게 채널을 바

리모컨에서 나오는 적외선은 우리가 누르는 버튼의 값을 텔레비전으로 전송한다.

꿀 수 있게 되었어요. 기기의 발전은 여기에서 끝이 아니에요. 그 후에는 텔레비전과 멀리 떨어져 앉아 있는 상태에서도 채널을 바꾸거나 소리의 크기를 조절할 수 있는 리모컨이 등장했어요.

리모컨 앞에는 조그맣게 달려 있는 까만 부분이 있는데, 그 부분에서 적외선을 만들어요. 그곳에서 나오는 적외선은 우리가 누르는 버튼의 값을 텔레비전으로 전송하고, 적외선 신호를 읽은 텔레비전은 그 값에 따라 채널과 소리의 크기를 조절하는 거예요.

TIP 요건 몰랐지?

아날로그 텔레비전과 디지털 텔레비전

아날로그 텔레비전.

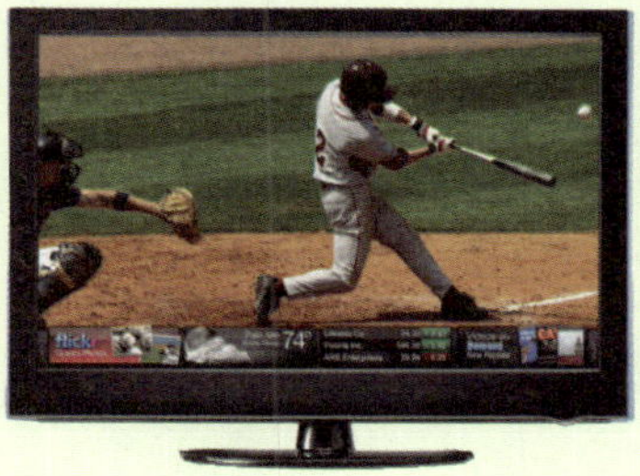

디지털 텔레비전.

텔레비전의 신호를 처리하는 방법은 아날로그 방식과 디지털 방식으로 구분할 수 있어요.

아날로그 방식은 예전부터 사용해 오던 것으로 텔레비전 신호를 수신기가 받아 영상 회로에서 신호를 해석해 브라운관을 통해 영상을 내보내는 방식이에요.

디지털 방식은 텔레비전 안에 소형 컴퓨터를 내장해서 텔레비전 신호를 받은 후 디지털 방식으로 또 한 번 신호를 해석해서 브라운관에 내보내는 방식이지요.

디지털 방식의 텔레비전은 잡신호를 말끔히 없애서 더 깨끗하고 선명한 화면을 내보내요. 하지만 신호를 한 번 더 해석하기 때문에 아날로그 방식의 텔레비전보다 약간 느리게 화면을 내보내요.

문손잡이에도 과학이 있어요

축
문고리는
문을 밀 때 별로 힘을
들이지 않고 열 수
있도록 문의 축에서
가장 먼 곳에 달려
있어.

문손잡이의 위치

문손잡이가 달려 있는 위치에도 과학 원리가 숨어 있어요.

문손잡이는 항상 문이 달려 있는 축에서 가장 멀리 떨어진 곳에 있어요. 그곳이 문을 여는 데 힘을 가장 적게 들일 수 있는 위치이기 때문이에요.

문을 열 때 힘들다고 느낀 적 있나요?

문은 무거운 나무나 쇠로 만들어요. 그런데도 우리가 문을 열고 닫을 때 힘들거나 문이 무겁다고 느낀 적이 거의 없지요. 그것은 바로 문손잡이의 위치 때문이에요.

문이 매달려 있는 축에서 가까운 쪽에서 문을 밀수록 힘이 많이 들고, 축에서 먼 쪽에서 밀수록 힘이 적게 들어요.

뱅글뱅글 돌아가는 회전문에서 실험해 보세요. 회전문의 중심 쪽에서 문을 밀면 힘을 많이 들여야 하지만, 중심에서 가장 먼 쪽에서 밀면 조금만 힘을 주어도 문이 잘 돌아가는 것을 확인할 수 있어요.

축

대칭 도형이나 좌표의 기준이 되는 선을 말해요. 문에서의 축은 경첩이 있는 곳이 되겠지요. 경첩이란 문을 달 때 한쪽은 문틀에, 다른 한 쪽은 문짝에 고정하여 문짝이나 창문을 다는 데 쓰는 쇠로 만든 물건이에요.

문손잡이의 원리

문손잡이는 그 안에 작은 바퀴와 큰 바퀴가 서로 축으로 연결되어 있어요. 큰 바퀴가 우리가 손으로 잡고 돌리는 부분이에요.

문손잡이는 축바퀴의 원리를 이용해 적은 힘으로 돌려도 안에 있는 나사가 돌아갈 수 있게 했다.

큰 바퀴를 돌리면 축으로 연결되어 있는 작은 바퀴도 함께 돌아가요. 이때 작은 바퀴가 돌아가면서 문의 스위치가 이동하고 문이 열리지요.

이런 원리를 축바퀴의 원리라고 해요. 축바퀴의 원리는 큰 바퀴가 한 바퀴 도는 동안 작은 바퀴도 한 바퀴 도는 것이지요.

큰 바퀴를 한 바퀴 돌리려면 큰 원을 둘러싼 길이만큼 돌려야 해서 이동 거리가 길지만 적은 힘이 들고, 작은 바퀴를 돌리려면 이동 거리는 짧지만 큰 힘이 들어요. 그래서 적은 힘으로 문을 열기 위해서 사람이 힘을 주는 곳에 큰 바퀴를 두는 거예요.

만약 이와 반대로 큰 힘을 주고서도 이동 거리를 짧게 하고 싶다면 사람이 힘을 주는 곳에 작은 바퀴를 두고, 물체가 이동해야 하는 곳에 큰 바퀴를 두면 됩니다.

TIP 요건 몰랐지?

연필깎이에도 축바퀴가 들어 있어요

연필깎이도 축바퀴의 원리를 이용한 도구이다.
ⓒ Ksbrown@the Wikimedia Commons

공부하다가 연필심이 부러진 적이 있나요? 그럴 때 연필깎이 하나만 있으면 순식간에 쓱싹 연필을 깎을 수 있어요.

연필깎이도 문손잡이와 마찬가지로 축바퀴의 원리를 이용한 대표적인 도구예요.

연필깎이 손잡이를 돌릴 때 힘들다고 느낀 적이 있나요? 아마도 없을 거예요. 손잡이를 돌릴 때는 큰 원을 그리게 되니까요. 문손잡이를 돌려 문을 열 때 힘들거나 무겁다고 느낀 적이 없는 것과 같은 원리예요.

그렇다면 연필깎이에서 작은 원은 어느 부분일까요? 바로 연필을 넣는 구멍이에요. 손잡이가 적은 힘을 받아 큰 원을 그리며 돌아갈 때 연필 구멍은 많은 힘을 받아 작은 원을 그리며 열심히 연필을 깎지요. 그래서 힘을 조금만 주어 빙글빙글 손잡이를 돌리기만 해도 단단한 연필을 손쉽게 깎을 수 있답니다.

Q&A 꼭 알고 넘어가자!

문제 1 리모컨은 어떻게 텔레비전 채널이나 소리의 크기를 조절할 수 있을까요?

문제 2 문손잡이가 항상 문이 매달려 있는 축에서 가장 멀리 떨어진 곳에 있는 이유는 무엇인가요?

3. 축바퀴는 큰 바퀴와 작은 바퀴가 서로 축으로 연결되어 있어요. 축과 큰 바퀴를 동시에 돌리면 축으로 연결된 작은 바퀴도 돌아가요. 이런 원리를 축바퀴의 원리라고 해요. 연필깎이의 손잡이가 큰 바퀴 부분이고 연필을 넣는 작은 구멍이 작은 바퀴 부분이에요.

문제 3 문손잡이와 연필깎이는 축바퀴의 원리를 활용한 도구예요. 축바퀴의 원리가 무엇인가요?

정답

1. 리모컨 앞에는 조그맣게 달려 있는 까만 부분이 있는데, 그 부분에서 적외선을 만들어요. 여기에서 나오는 적외선은 우리가 누르는 버튼의 값을 텔레비전으로 전송하고, 적외선 신호를 읽은 텔레비전은 그 값에 따라 채널과 소리의 크기를 조절해요.

2. 문을 열 때 매달려 있는 축에서 가까운 쪽에서 문을 밀수록 힘이 많이 들고, 축에서 먼 쪽에서 밀수록 힘이 적게 들기 때문이에요. 그래서 문 자체는 무거운데도 문을 열 때 힘들지 않아요.

관련 교과

초등 5학년 1학기 2. 전기 회로
초등 5학년 2학기 8. 에너지
초등 6학년 2학기 6. 편리한 도구

4. 주방에 있는 도구들

주방에서 요리할 때 여러 가지 주방 도구를 사용해요. 그 도구들이 없었다면 우리가 맛있게 먹는 음식들을 만들기 어려웠을 거예요. 딱히 주방 도구가 없었던 먼 옛날에는 과일이나 채소를 재배해서 그대로 먹었고, 불을 사용한 다음부터는 고기나 생선을 익혀 먹기 시작했어요. 또 그릇을 만든 뒤에는 음식을 그릇에 담아 조리하는 방법을 개발했지요. 그렇다면 우리 주방에는 어떤 도구들이 있을까요?

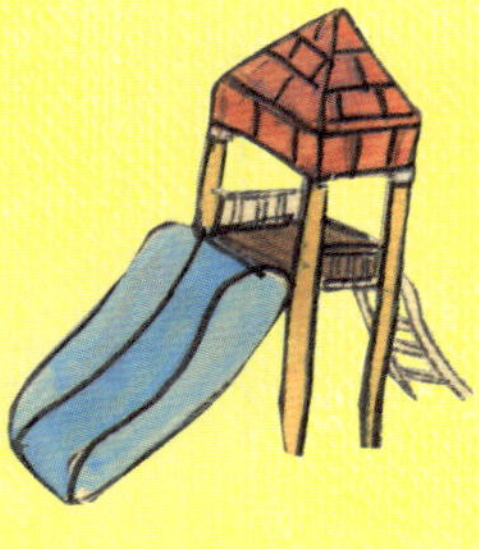

열을 가해 주는 주방 도구

음식을 익히려면 열이 필요하지요. 딱히 열을 내는 도구가 없었던 시절에도 나름대로의 방법이 있었어요. 마른 나뭇가지를 모아서 불을 지피는 방법이었어요. 하지만 이 방법은 연기가 많이 나고 불의 세기를 조절하기도 힘들었어요. 또 간편하게 불을 켜거나 끌 수도 없었어요. 그러자 사람들은 그런 단점들을 보완한 열기구들을 발명하기 시작했지요.

가스레인지는 간편하게 불을 켜고 끌 수 있어서 요리할 때 매우 편리하다.

가스레인지

가스를 연료로 사용하는 가스레인지는 간편하게 불을 켜거나 끌 수 있어서 주방에서 음식을 익힐 때 사용하는 도구예요. 나뭇가지를 모아 불을 지펴 음식을 만들던 옛날을 생각하면 아주 놀랍게 발전한 주방 도구이지요.

가스 밸브를 열면 가스관을 통해 가스가 들어와 가스레인지에 공급되고, 밸브를 닫으면 가스가 공급되지 않아 불을 켤 수 없어요.

가스레인지에는 라이터가 있어요. 그래서 관을 통해 가스가 공급되면 라이터가 전기를 이용해 불꽃을 만들어 가스레인지에 불을 붙여요.

가스레인지가 무엇보다 편리한 것은 공급되는 가스의 양을 조절해서 불의 세기를 조절할 수 있고, 필요에 따라서 손쉽게 가스 불을 켜고 끌 수 있다는 점이에요.

전자레인지

전자레인지를 작동시키면 불꽃이 일어나지 않아요. 불꽃이 없는데도 전자레인지 안에서 음식이 익지요. 전자레인지는 불꽃도 없이 어떤 방법으로

음식을 익힐까요?

그 비밀은 전자레인지에서 나오는 전자파의 역할 때문입니다.

전자레인지는 작은 밀폐된 상자 안에서 매우 높은 주파수의 전자를 만들어 내는 전기 기구예요.

주파수란 1초 동안 진동하는 횟수를 말해요. 우리가 매일같이 듣는 모든 소리도 진동에 의해서 귀에 들려오는 거예요. FM 라디오의 주파수는 100㎒ 전후, 휴대전화의 주파수는 1,000㎒ 이상이에요. 그렇다면 전자레인지의 주파수는 얼마나 될까요? 무려 2,450㎒나 돼요. 2,450㎒는 1초 동안 전자파가 24억 5,000만 번이나 진동한다는 뜻이에요. 정말 엄청나지요?

전자파가 진동하면 음식물 속에 있는 물 분자도 진동하게 돼요. 물 분자가 진동하면 운동에너지가 생기기 때문에 열을 내게 되지요.

또한 전자레인지 속을 잘 살펴보면 음식물을 올려놓는 곳에 회전판이 있어요. 전자레인지가 작동하면 그 회전판이 돌아가기 시작해 음식물에 전자파가 골고루 전달되고 음식이 고르게 익게 되지요.

전자레인지는 직접 불을 피우지 않고 전자파를 이용해 음식을 익게 해주어 편리하다.

그런데 전자레인지를 사용하다 보면 간혹 이

상한 현상을 발견해요. 전자레인지에 음식물을 넣어 열을 준 다음 꺼내면 음식물은 모락모락 연기가 날 정도로 뜨거운데 그릇은 그다지 뜨겁지 않아요. 도대체 무슨 이유 때문일까요? 전자파가 그릇은 피해서 음식물에만 전해질까요?

그렇지 않아요. 전자파는 직접 뜨거운 열을 전달하는 것이 아니라 음식물의 물 분자를 진동시켜 열을 내요. 그런데 그릇의 분자는 고체 상태이기 때문에 전자파의 진동을 받아도 분자들이 거의 진동하지 않는 거예요. 자연히 그릇보다는 음식물이 훨씬 더 뜨거울 수밖에 없어요.

TIP 요건 몰랐지?

전자레인지에 포일을 넣으면 안 돼요!

포일이나 금속 그릇 속에 담긴 음식물은 전자레인지에 넣고 데울 수가 없어요. 전자레인지를 사용할 때에는 꼭 전자레인지용 용기를 사용해야 해요. 전자레인지가 음식물을 데우기 위해서 내보내는 전자파인 마이크로파 때문이에요.

마이크로파는 금속을 만나면 뚫고 들어가지 못하고 반사되어요. 이런 이유로 포일을 전자레인지에 넣고 돌리면 불꽃이 일어나는 거예요. 만약 포일이나 금속 용기를 넣고 계속 돌리면 반사된 마이크로파 때문에 전자레인지에 불이 붙거나 폭발할 수도 있어요. 굉장히 위험하지요. 따라서 유리나 도자기로 된 그릇처럼 전자파를 흡수하는 용기를 사용해서 음식물을 데워야 해요.

여러 가지 주방 도구

스테인리스

많은 주방 도구들이 스테인리스라는 금속으로 만들어졌어요. 스테인리스(stainless)는 '녹'이라는 뜻의 '스테인(stain)'과 '없다'라는 뜻의 '리스(-less)'라는 말이 합쳐진 단어로서 '스테인리스 스틸'을 편하게 부르는 이름이에요.

스테인리스는 원래 처음부터 있었던 재료가 아니라, 사람들이 '녹슬지 않는 금속'을 원했기에 탄생한 강철이에요.

스테인리스를 사용해 만든 용기는 가볍고, 단단하고, 녹슬지 않아 편리하다.

주방에서 요리를 하려면 어쩔 수 없이 물을 많이 사용하지요. 주방 도구들도 이런 특성 때문에 물과 많이 접촉할 수밖에 없어요. 금속이 물과 접촉하면 녹슬 확률이 훨씬 더 높아져요. 이렇게 주방 도구들이 녹슬 때마다 매번 바꾸어 사용하

마이클 패러데이
Michael Faraday, 1791~1867

전자기학과 전기화학 분야에 크게 기여한 영국의 물리학자이자 화학자예요. 벤젠을 발견하는 등 뛰어난 연구를 했고, 물리학의 전자기학 부분에서 여러 가지 전기의 동일성을 알아냈어요. 이런 전기의 동일성을 바탕으로 누구나 이해할 수 있는 전기를 내놓았지요. 비록 전문 교육을 받지는 못했지만 화학과 물리학에 큰 업적을 남겼어요.

는 것도 매우 불편한 일이에요. 녹슬지 않는 플라스틱 같은 재료들은 열에 약하기 때문에 요리 도구로는 완전하지 않지요.

이런 단점을 극복하기 위해 처음으로 연구한 사람이 패러데이라는 영국의 물리학자이자 화학자예요. 그는 1820~1822년에 걸쳐 철강에 크롬을 첨가해 덜 녹스는 금속을 만들어 내는 데 성공했어요. 이후 이 금속이 발전을 거듭하여 현재의 스테인리스가 되었어요.

음식물이 눌어붙지 않는 프라이팬은 아주 우연한 기회에 발견되었다.

테플론 프라이팬

음식물을 조리할 때 재료가 프라이팬 바닥에 눌어붙지 않게 하는 기술은 아주 우연한 기회에 발견되었어요.

'테플론'이라는 이름은 '폴리테트라플루오로에틸렌'이라는 화합물의 상품 이름이에요. 이 테플론은 높은 열이나 약품에 강하고, 이 물질을 바른 표면은 다른 물질이 들러붙지 않는 성질이 있어요.

테플론을 발견한 회사는 처음에 에어컨 냉매나 헤어스프레이로 사용되는 프레온 가스를 연구하던 기업이었어요. 어느 날 이 회사는 우연히 프레온들이 통 속에서 서로 들러붙어서 일직선으로 늘어져 있는 것을 발견했어요. 처음에는 열을 가할수록 점점 더 부드러워지고 녹지 않는 이 물질이 쓸모없다고 생각했어요. 하지만 좀 더 연구하고 노력한 결과 이런 성질을 이용하여 프라이팬 표면에 발라 음식물이 눌어붙지 않게 하는 데 사용했어요.

병따개

유리병 속에 들어 있는 음료를 마시려면 알루미늄 뚜껑을 열어야 해요. 손으로 돌려서 쉽게 열 수 있는 뚜껑도 있지만 대개 병 입구와 맞물려 꽉 닫혀 있어서 손으로는 열 수가 없어요. 그렇다고 해서 억지로 힘을 주어 병뚜껑을 열려고 하면 유리병이 깨질 수 있어서 상당히 위험해요.

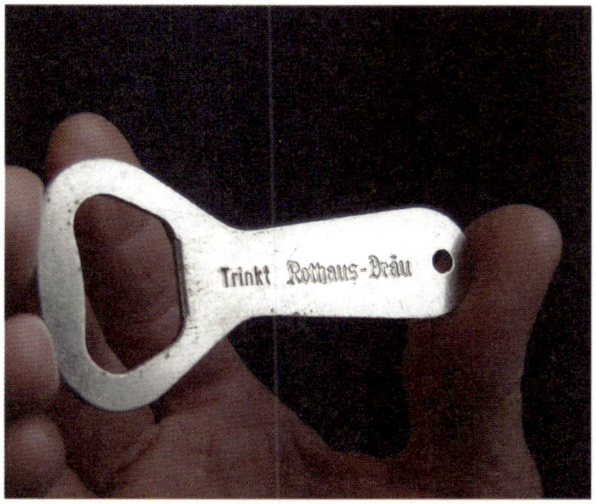

병뚜껑을 쉽게 딸 수 있는 병따개는 지렛대원리를 이용한 도구이다.

그래서 병따개가 발명되

었어요. 병뚜껑에 병따개를 끼우고 살짝 위로 들어 올리면 그렇게 단단하게 닫혀 있던 병뚜껑이 아주 쉽게 열리지요.

병따개는 단순한 모양을 하고 있지만 지렛대원리를 이용한 지능적인 도구예요. 지렛대원리를 이용하면 적은 힘을 주고도 무거운 물체를 위로 들어 올릴 수 있어요.

지렛대원리란 무엇일까요? 지레의 양 끝에 작용하는 힘의 크기와 받침점까지의 길이를 각각 곱한 값은 서로 같다는 원리예요. 이 원리를 잘 이해하려면 기다란 지레에서 받침점을 사이에 두고 있는 받침점과 힘점과의 거리, 받침점과 작용점과의 거리를 살펴봐야 해요. 받침점과 거리가 멀어질수록 지레를 눌러야 하는 거리는 길어지지요. 힘을 주어야 하는 이동 거리가 길수록 내가 주어야 하는 힘의 크기는 작아져요. 이렇게 긴 거리를 힘

받침점과 힘을 주어야 하는 이동 거리가 길면 힘을 조금만 주어도 물체를 들어 올릴 수 있다.

을 주어 내리는 대신, 힘을 조금만 주어도 물체를 들어 올릴 수 있도록 만들어진 것이 바로 지렛대예요.

병따개도 이런 지렛대원리를 이용해 큰 힘을 사용해야 딸 수 있는 병뚜껑을 작은 힘만 주어도 쉽게 들어 올릴 수 있게 만든 도구예요.

집게

주방 집게는 음식물을 덜어 낼 때나 조리할 때 사용하는 도구예요. 집게 역시 병따개와 마찬가지로 지렛대원리를 활용하여 만들어졌어요.

지렛대원리를 사용하는 대부분의 도구는 이동 거리를 길게 하는 대신 적은 힘으로 무거운 물체를 들어 올리는 데 사용된다는 점에서 같아요. 하지

집게는 힘을 많이 쓰는 대신 이동 거리를 짧게 하는 데 이득을 볼 수 있는 도구이다.

만 집게는 그 반대예요. 큰 힘을 쓰는 대신 이동 거리를 짧게 하는 원리로 사용해요.

집게로 음식물을 집는 장면을 떠올려 보세요. 먼저 집게를 넓게 벌리고 나서 음식물을 집고 집게를 오므리지요. 집게는 사람이 손을 조금만 벌려도 넓게 벌어지지요. 그 대신 그냥 손으로 음식물을 집는 것보다 더 큰 힘을 주어야만 집게를 벌리거나 오므릴 수 있어요.

지구도
지렛대에 올려놓으면
쉽게 들어 올릴 수
있을까?

TIP 요건 몰랐지?

물고기를 직접 들어 올리는 게 더 가벼워요

낚싯대로 물고기를 낚을 때는 물고기 무게보다 훨씬 큰 힘을 들여야 하지만 물속에 들어가는 수고를 덜어 준다.

낚싯대를 이용해서 물고기를 낚아 본 적 있나요? 낚싯대가 있으면 굳이 물속에 들어가지 않아도 편리하게 물고기를 낚을 수가 있어요. 이 낚싯대도 지렛대원리를 활용한 도구예요.

그런데 뜻밖에도 이 낚싯대로 물고기를 잡는 것보다 손으로 직접 물고기를 들어 올리는 편이 훨씬 가벼워요.

손으로 물고기를 들어 올리는 게 훨씬 가벼운데 사람들은 왜 굳이 힘들게 낚싯대를 이용해서 물고기를 잡을까요?

그것은 조금만 생각해 보면 금세 알 수 있어요. 깊은 물속에 있는 물고기를 밖으로 끌어 올리려면 물고기를 이동시키는 이동 거리가 무척 길지요. 사람들은 무겁게 물고기를 들어 올리는 대신 낚싯대를 조금만 움직이고도 물고기를 밖으로 끌어내는 방법을 선택한 거예요.

이와 같이 낚싯대는 받침점에서 힘점까지의 거리가 멀면, 이동 거리가 길어지는 대신 물체에 작용하는 힘은 적게 주어도 된다는 지렛대원리를 거꾸로 이용한 도구이지요.

Q&A 꼭 알고 넘어가자!

문제 1 가스레인지에 불을 켜는 과정을 설명해 보세요.

문제 2 전자레인지에 음식물이 담긴 그릇을 넣고 오래 돌려도 음식물만 따뜻하고 그릇은 그다지 뜨겁지 않아요. 왜 그럴까요?

3. 전자레인지가 음식물을 데우기 위해 내보내는 전자파인 마이크로파 때문이에요. 마이크로파는 금속을 만나면 뚫고 들어가지 못하고 반사되기 때문에 포일이나 금속 용기를 넣고 돌리면 불꽃이 일어나요. 만약 포일이나 금속 용기를 넣고 계속 돌리면 불이 붙거나 폭발할 위험이 있어요.

4. 지레의 양 끝에 작용하는 힘의 크기와 받침점까지의 길이를 각각 곱한 값이 서로 같은 것이 바로 지렛대원리예요. 받침점과 거리가 멀수록 지레를 눌러야 하는 거리가 길어지는데, 힘을 주어야 하는 이동 거리가 길수록 들어가는 힘의 크기는 작아져요. 병따개도 이 지렛대원리를 이용해 만들었기 때문에 적은 힘만 주어도 병뚜껑을 쉽게 딸수 있어요.

문제 3 전자레인지에 포일이나 금속 용기를 넣고 돌리면 안 되는 이유는 무엇인가요?

문제 4 우리가 쉽게 사용하는 병따개는 지렛대원리를 활용하여 만들어졌어요. 지렛대원리가 무엇인가요?

정답

1. 가스 밸브를 열면 가스관을 통해 가스가 들어와 가스레인지에 공급되어요. 가스레인지에는 라이터가 있어서 가스가 공급되면 라이터가 전기를 이용해 불꽃을 만들어 불을 붙여요.

2. 전자레인지가 작동할 때 나오는 전자파는 직접 뜨거운 열을 전하는 것이 아니라 음식물의 물 분자를 진동시켜 열을 내게 해요. 그러므로 고체 상태의 그릇은 전자파가 만드는 진동의 영향을 거의 받지 않아요.

관련 교과

초등 5학년 2학기 8. 에너지
초등 6학년 2학기 6. 편리한 도구

5. 놀이터에 있는 도구들

놀이터에 가면 어떤 놀이 기구를 가장 많이 이용하나요? 그네? 미끄럼틀? 시소? 이런 재미있는 놀이 기구들도 알고 보면 과학 원리를 이용해 만들었어요. 놀이 기구 속에 어떤 과학 원리가 숨어 있는지 알아볼까요?

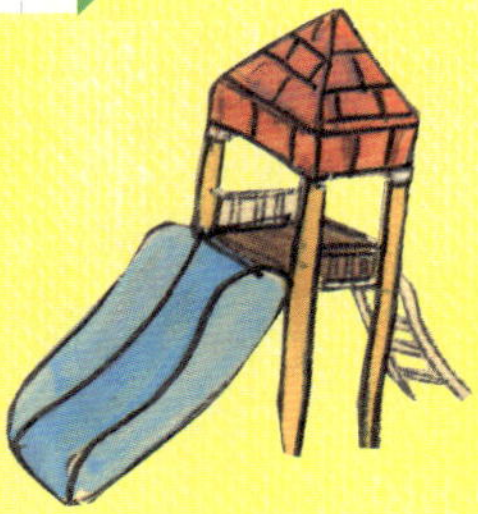

놀이 기구의 과학

진자

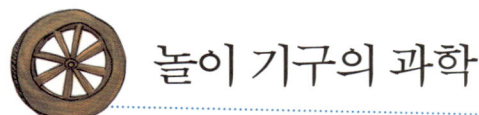

고정된 한 축이나 점의 주위를 일정한 주기로 진동하는 물체로써, 흔들이라고도 합니다.

그네

놀이터에서 가장 인기 있는 놀이 기구는 무엇인가요? 바로 그네예요. 틀에 매달린 그네가 앞으로 뒤로 왔다 갔다 하는 모습은 진자의 운동과 비슷해요. 진자란 줄 끝에 추를 매달아 좌우로 왔다 갔다 하게 만든 물체이지요.

앞뒤로 왔다 갔다 하는 그네는 땅과 가까워졌을 때 속력이 제일 빠르다.

그네의 속력이 가장 빠를 때는 언제일까요? 그네가 가운데 부분을 지나갈 때이지요. 또한 그네의 속력이 가장 느릴 때는 앞뒤로 가장 높이 올라갈 때일 거예요.

그네를 탈 때 앉는 자리 양쪽에 있는 줄을 잡지요. 그 줄이 만약 매끈하다면 어떨까요? 손이 미끄러져서 그네에 제대로 앉아 있을 수가 없을 거예요. 이런 이유로 그네의 줄은 손과 마찰이 커지게 하기 위해 거친 재질로 만들어졌답니다.

그네와 마찬가지로 진자의 운동 원리를 활용한 도구에는 괘종시계의 시계추, 메트로놈, 놀이 기구 바이킹 등이 있어요.

미끄럼틀

미끄럼틀은 계단을 올라가 높은 곳에서 매끄러운 판을 타고 내려오는 놀

괘종시계의 시계추, 메트로놈, 놀이 기구 바이킹 등 모두 진자의 운동 원리를 이용하여 만들었다.

이 기구예요.

계단을 올라가면 나의 위치가 높아져서 위치에너지가 커져요. 판을 타고 내려올 수 있는 것은 내가 위치에너지를 가지고 있기 때문이에요. 이 위치에너지가 판을 타고 내려오는 동안 운동에너지로 바뀌는 것이지요.

밑으로 내려올수록 내려오는 속력은 점점 빨라져서 땅에 도달하는 순간의 속력이 가장 빨라요.

미끄럼틀 위로 올라가면 나의 위치에너지가 커지고, 그 위치에너지를 이용해 마찰력이 작은 미끄럼틀 판을 미끄러져 내려올 수 있다.

미끄럼틀 판은 마찰력이 매우 작은 물질로 만들어졌어요. 마찰력이 작아야 막힘 없이 잘 미끄러져 내려올 수 있기 때문이지요. 마찰력이 큰 미끄럼틀을 상상해 보세요. 미끄럼틀에서 손을 떼는 순간 거침없이 미끄러져 내려와야 하는데, 마찰력이 크다면 다리로 몸을 끌어 내리면서 내려와야 할 거예요. 만약 그렇게 된다면 미끄럼틀은 전혀 재미없는 놀이 기구가 되어 버릴 거예요.

시소

시소는 기다란 판 양쪽에 사람이 타고 땅에서 발을 떼면 자연스럽게 그 판이 위아래로 왔다 갔다 하는 놀이 기구예요.

시소는 양쪽에 수평이 잘 맞아야 재미있게 탈 수 있어요. 시소의 수평이 잘 맞게 하려면 어떻게 해야 할까요?

시소의 중심은 시소의 중앙에 있다는 점을 떠올리며 생각해 보아요. 동생과 형이 시소를 타면 시소는 어떻게 되나요? 몸무게가 더 무거운 형 쪽으로 판이 기울어서 동생과 형은 모두 재미없어지겠지요.

그러면 시소는 몸무게가 같은 사람끼리 타야만 재미있을까요? 그렇지 않아요. 몸무게가 다른 사람끼리도 재미있게 시소를 탈 수 있는 방법이 있어요.

시소는 두 사람 이상이 기다란 판 양쪽에 앉아서 오르고 내리는 놀이 기구이다.

서로 몸무게가 다른 사람끼리 시소를 탈 때에는 앉는 위치를 조정하면 즐겁게 놀 수 있다.

바로 시소의 앉는 위치를 조정하는 방법이에요.

무거운 사람은 시소의 중심 부분에 가깝게 앉고, 가벼운 사람은 시소의 가장자리 쪽에 가깝게 앉으면 돼요. 시소의 가장자리 쪽으로 갈수록 가벼운 무게로 눌러도 시소가 잘 내려가고, 시소의 중심 쪽으로 갈수록 무거운 무게로 눌러야 잘 내려가기 때문이지요.

집에서 간단하게 실험해 볼 수도 있어요.

우선 30cm 자의 중간 부분에 받침이 될 만한 물건을 놓아요. 그런 다음 무게가 같은 물건을 한쪽은 가장자리 가까운 쪽에 놓고 다른 한쪽은 중앙 부분부터 시작하여 가장자리까지 자리를 옮기며 자가 어느 쪽으로 기우는지 살펴보세요.

같은 무게의 물체이지만 가장자리 쪽에 가깝게 놓은 쪽으로 시소가 기울어지지요. 이것이 바로 지렛대원리예요.

'받침점에서 멀어질수록 적은 힘으로 눌러도 시소는 아래로 잘 내려간다!' 이 원리만 기억하면 덩치가 큰 어른과도 재미있게 시소 놀이를 할 수 있어요.

구름사다리

구름사다리에 손을 걸치고 자유자재로 옮겨 다니는 친구들을 본 적 있나요? 대체 어떤 방법으로 그렇게 잘 매달려 자유롭게 이동할 수 있을까요?

구름사다리에 매달려 다음 칸으로 손을 뻗자마자 떨어지는 친구들이 있는가 하면, 원숭이처럼 휙휙 팔을 뻗어 잘도 자리를 옮기는 친구들도 있어요.

어떻게 하면 원숭이가 나무를 타는 것처럼 구름사다리를 잘 탈 수 있는지 그 비결을 알아보아요.

구름사다리를 잘 타려면 몸의 반동을 잘 이용해야 한다.

구름사다리는 팔로 매달려 여러 봉 사이를 오가는 놀이 기구예요. 구름사다리의 봉을 팔로 잡으면 우리를 잡아당기는 지구의 중력 때문에 몸은 밑으로 쳐지게 되지요. 봉을 꽉 잡고 있는 내 손과 팔의 힘이 나의 몸무게를 모두 지탱해 주고 있어요. 그런데 그 봉 사이를 옮겨 가려면 다른 봉을 잡기 위해 한 손을 놓아야 하지요. 두 손으로 잡고 버티기도 힘들기 때문에 나머지 한 손을 떼는 순간 다른 한 손이 내 몸무게를 견디지 못하고 땅으로 풀썩 떨어지고 마는 경우가 많아요.

그렇다면 구름사다리를 잘 타는 친구들은 엄청난 팔 힘을 가지고 있을까요? 물론 팔 힘이 센 친구들은 팔 힘이 약한 친구들보다 구름사다리를 잘 탈 수도 있어요. 하지만 팔 힘과는 상관없는 또 다른 비결이 있어요.

구름사다리를 잘 타는 친구들을 자세히 살펴보세요. 다음 칸으로 손을 옮길 때 몸을 앞뒤로 많이 움직여요. 몸에 반동을 주어서 그 힘을 이용해 옆 칸으로 옮겨 가는 거예요. 몸에 반동을 주어서 나아가는 방향으로 무게중심이 쏠리게 하면 안정되게 옆 칸으로 이동할 수 있어요.

이와 같은 원리를 이해하면 모든 놀이 기구를 더욱 편하고 재미있게 이용할 수 있어요.

TIP 요건 몰랐지?

옛날 놀이 기구, 굴렁쇠

굴렁쇠 굴리기 놀이는 굴렁쇠와 밀채가 한 세트이다. 밀채로 굴렁쇠를 걸어 속도와 방향을 조절할 수 있다.

굴렁쇠는 원래 옛날 사람들이 곡식이나 술 등을 보관하고 운반할 때 쓴, 둥근 통을 매는 테였어요. 그것이 생활 도구로 쓰이면서 '굴렁쇠 굴리기' 라는 놀이가 시작되었다고 추측하고 있지요.

이 굴렁쇠의 소재는 점차 변했어요. 처음에는 둥근 통을 매는 도구로서 대나무 등을 쪼개어 얻은 테를 이용하다가 두레박이나 양동이 등의 쇠테로 발전했어요. 그러다가 우리나라에 자전거가 들어온 뒤에는 자전거 바퀴나 손수레 바퀴 등이 굴렁쇠로 많이 이용되었어요. 마땅한 놀이 기구가 별로 없었던 옛날에는 굴렁쇠를 굴리며 동네를 뛰어다니는 어린이들이 많았지만, 요즘에는 여러 가지 놀잇거리가 많아져 그 모습을 찾아보기 힘들어졌어요.

굴렁쇠 굴리는 방법

1. 한 손으로 굴렁쇠의 윗부분을 잡고 밀어서 똑바로 굴러가게 한다.
2. 밀채는 땅과 굴렁쇠가 닿는 윗부분(바퀴 밑에서 3분의 1쯤 되는 지점)에 댄다.
3. 굴렁쇠와 밀채가 계속 밀착되도록 미는 힘의 세기를 조절한다.
4. 굴렁쇠를 굴리는 동안 밀채가 굴렁쇠의 위아래로 이동하지 않고 일정한 위치에 있도록 한다.
5. 방향을 바꿀 때에는 밀채를 원하는 방향으로 튼다.
6. 굴렁쇠의 속도를 줄이고 싶을 때에는 밀채를 굴렁쇠에 걸어 힘의 세기를 조절한다.
7. 굴렁쇠를 멈추게 할 때에는 굴렁쇠의 윗부분에 밀채를 건다.
8. 밀채를 굴렁쇠 윗부분에 건 채로 밀면 손을 대지 않고 굴렁쇠를 굴릴 수 있다.

놀이터 바닥의 비밀

놀이터 바닥의 모래

놀이터 바닥에는 모래가 깔려 있어요. 그 이유가 무엇인지 생각해 본 적 있나요? 그것은 바로 어린이들이 뛰어놀다가 넘어졌을 때 모래가 그 충격을 흡수해서 크게 다치지 않게 하기 위해서예요.

모래는 거칠거칠한 알갱이예요. 딱딱한 바닥에 모래를 깔면 모래 알갱이

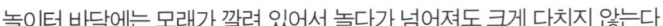

놀이터 바닥에는 모래가 깔려 있어서 놀다가 넘어져도 크게 다치지 않는다.

사이사이에 생긴 공간이 충격을 흡수해 주지요.

바닷가에 있는 모래사장을 걸어 본 적이 있나요? 우리가 걷는 그대로 발자국이 남지요. 이것 역시 모래 알갱이 사이에 생긴 공간 때문이에요. 발을 디딘 곳에 힘이 실려서 모래 알갱이를 누르고, 그 결과 모래 알갱이 사이의 공간이 좁아지기 때문에 발자국 모양이 남아요.

놀이터 바닥의 우레탄

최근에 놀이터에 가 본 적 있나요? 요즘은 놀이터 바닥에 모래가 아닌 우레탄이라는 화학 물질이 깔린 곳이 많아요.

우레탄이란 물이 스며들지 않고 푹신푹신한 바닥을 까는 데 사용하는 재료를 말해요. 여러 가지 화학 물질을 혼합해서 만들어요.

놀이터 바닥에 모래 대신 우레탄이라는 재료를 깔기도 한다. ⓒ Versageek@the Wikimedia Commons

놀이터 바닥에 모래를 깔면 넘어졌을 때 충격을 흡수해 주기도 하지만 비가 오면 젖어 버리지요. 다시 마르는 데 시간이 오래 걸리고 청소를 자주 해 주지 않으면 나쁜 세균이 어린이들에게 병을 옮길 수도 있다는 단점이 있어요.

그렇다고 해서 우레탄이 모래에 비해 꼭 좋지만은 않아요. 우레탄은 햇볕을 받으면 아주 뜨거워지기 때문에 몹시 더운 여름날에는 화상을 입을 수도 있고, 우레탄 바닥에서는 재미있는 모래 놀이를 할 수도 없어요.

TIP 요건 몰랐지?

달걀을 삶을 때 모래시계를 사용해요

모래시계는 모래가 알갱이로 이루어져 있는 특징을 이용해서 만든 시계예요. 가운데가 잘록한 유리그릇 위쪽에 모래를 넣고 가운데 작은 구멍으로 모래를 떨어뜨려서 시간을 재는 시계이지요.

한쪽에서 다른 쪽으로 모래 알갱이가 모두 떨어지는 시간은 얼마나 될까요?

그것은 모래시계를 만드는 사람의 생각에 달렸어요. 몇 초짜리부터 몇 시간짜리까지 매우 다양해요. 모래의 양이나 가운데 잘록한 틈의 넓이를 조절하면 자기가 원하는 시간이 걸리도록 만들 수 있어요.

바늘시계, 디지털시계가 없던 옛날에는 모래의 부피로 시간을 재는 모래시계가 매우 편리하게 사용되었어요. 오늘날에도 충분히 활용할 수 있어요.

예를 들어, 계란이 끓는 물에서 익는 시간은 3분인데, 3분짜리 모래시계를 만들어서 사용해 보는 것이지요. 바늘시계나 디지털시계 없이도 시간을 재는 즐거움을 느낄 수 있을 거예요.

Q&A 꼭 알고 넘어가자!

문제 1 그네를 탈 때 앉는 자리 양쪽에 줄이 매달려 있어요. 이 줄을 꺼칠꺼칠하게 만든 이유는 무엇일까요?

문제 2 미끄럼틀 판을 타면 내 몸이 자연스럽게 미끄러져 내려오는 이유는 무엇인가요?

3. 잡고 있는 봉에서 다음 봉으로 손을 옮길 때 몸을 앞뒤로 많이 움직이면 돼요. 몸에 반동을 주어서 그 힘을 이용해 옆 칸으로 옮겨 가는 거예요. 몸에 반동을 주어서 나아가는 방향으로 무게중심이 쏠리게 하면 안정되게 옆 칸으로 이동할 수 있어요.

4. 뛰어놀다가 넘어졌을 때 모래가 그 충격을 흡수해서 크게 다치지 않게 하기 위해서예요. 딱딱한 바닥에 모래를 깔면, 알갱이 사이사이에 생긴 공간이 그 위에 가해지는 충격을 흡수해 주어요.

문제 3 구름사다리를 타고 봉 사이사이를 잘 옮겨 다니는 친구들의 비법은 무엇인가요?

문제 4 놀이터 바닥에 모래가 깔려 있는 이유는 무엇인가요?

정답

1. 만약 그네 줄이 매끈하다면 손이 미끄러져서 그네에 제대로 앉아 있을 수가 없어요. 손과 마찰이 커지도록 해야 손이 미끄러지지 않고 안전하게 그네를 탈 수 있어요.

2. 미끄럼틀 계단을 올라가면 내 위치에너지가 커지고, 이 위치에너지가 판을 타고 내려오는 운동에너지로 바뀌어요. 밑으로 내려올수록 속력은 점점 빨라져서 땅에 닿는 순간의 속력이 가장 빨라요. 또한 미끄럼틀 판의 재질은 마찰력이 매우 작기 때문에 거침없이 미끄러져 내려올 수 있어요.

관련 교과

초등 6학년 2학기 6. 편리한 도구

6. 그 밖의 도구들

거실, 부엌, 방, 놀이터에 있는 도구 말고도 우리 주위에는 셀 수 없을 만큼 많은 도구들이 있어요. 블라인드, 화장실 변기, 압착기 등 생활에서 사용되는 여러 가지 도구가 어떤 원리로 만들어지고 사용되는지 알아보아요.

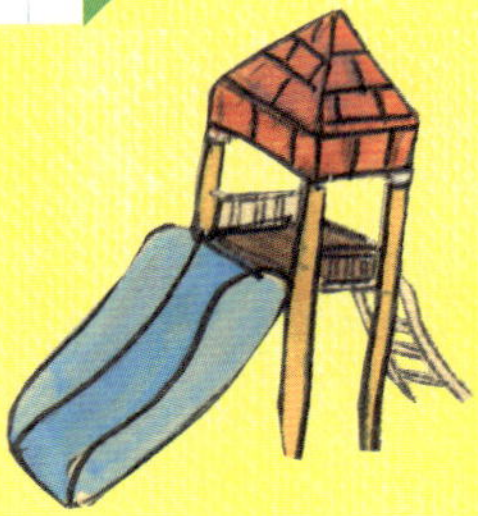

도르래란 무엇인가요?

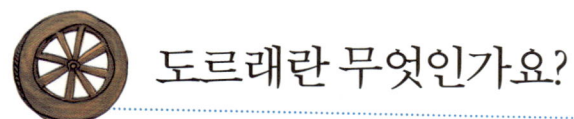

물건을 들어 올릴 때 들어가는 힘을 줄여 주거나 방향을 바꾸어 주는 대표적인 도구에는 도르래가 있어요. 도르래는 우리가 미처 생각하지 못한 많은 곳에 이용돼요. 차근차근 알아볼까요?

고정도르래

고정도르래는 한쪽 줄에는 들어 올려야 할 물체가 매달려 있고, 다른 한쪽 줄은 도르래를 둘러서 사람이 잡아당기는 부분이 있어요.

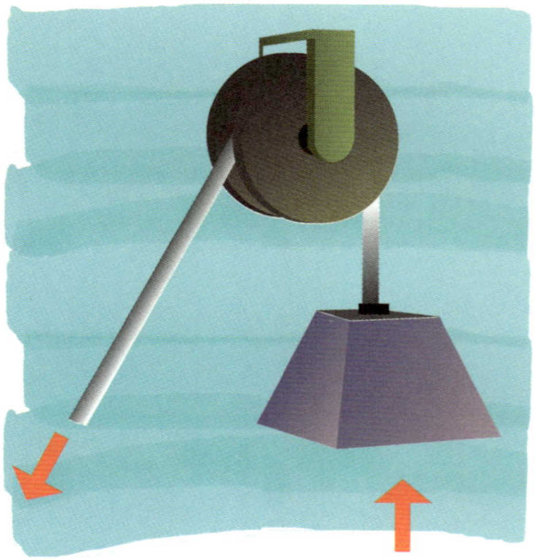

고정도르래는 물체를 옮기려는 방향과 반대 방향으로 힘을 주어 이용한다.

고정도르래를 거치면 물체는 내가 들어 올리는 반대 방향으로 움직여요. 원래 물체를 들어 올리기 위해서는 높은 곳으로 힘을 주어야 하지만 고정도르래를 이용하면 낮은 곳으로 힘을 주어야 해요. 물체를 옮기려는 방향과 반대 방향으로 힘을 주는 것이지요.

국기 게양대 꼭대기에 태극기를 달 때를 생각해 보세요. 게양대처럼 높은 곳에 태극기를 달기 위해서는 사다리 같은 도구를 이용해 직접 높이 올라가야 태극기를 매달 수 있어요. 하지만 고정도르래를 이용하면 굳이 높이 올라가지 않더라도 낮은 곳으로 힘을 주어 태극기를 높이 올릴 수 있습니다.

고정도르래를 이용한 도구는 국기 게양대뿐만이 아니에요. 우물 속의 두레박도 같은 원리를 이용하지요. 우물 속의 물은 아주 깊은 곳에 있어요. 만약 두레박이라는 도구가 없다면 두레박을 손에 들고 직접 우물 속으로 들어갔다가 나와야 하지요. 하지만 고정도르래를 이용하여 줄을 잡아당기면 우물 속의 두레박이 줄에 끌려 우물 밖으로 올라올 수 있어요.

블라인드도 고정도드래를 이용한 도구이다.
ⓒ Olaf Mester@the Wikimedia Commons

고정도르래는 이렇게 물체가 움직이는 힘의 방향을 바꾸어 주는 역할을 하지만 들어가는 힘에는 큰 이득을 볼 수 없어요. 태극기를 직접 집어 드는 힘, 두레박을 직접 들어 올리는 힘은 고정도르래를 이용해 줄을 잡아당겨야 하는 힘과 똑같습니다.

움직도르래

움직도르래는 고정도르래와

움직도르래를 이용하면 직접 물건을 들어 올릴 때에 비해 절반의 힘만 든다.

다르게 물체에 힘을 주는 방향이 바뀌지 않아요. 또 물체를 거는 위치도 달라요. 한쪽 줄에 물체를 매달지 않고 도르래 자체에 걸지요.

그래서 사람이 한쪽 끝에서 줄을 잡아당기면 다른 쪽 줄도 같은 방향으로 움직이기 때문에 두 사람이 함께 줄을 잡아당기는 효과를 주어요. 움직도르래를 이용하지 않을 때에 비해 힘을 반만 주어도 물체를 들어 올릴 수 있어요. 당연히 무거운 물체를 들어 올릴 때 움직도르래를 이용하면 매우 편리하겠지요. 또한 움직도르래를 여러 개 한꺼번에 사용하면 더 큰 효과를 볼 수 있어요.

만약 움직도르래 두 개를 일렬로 붙여서 사용하면 직접 물건을 들어 올릴 때보다 힘이 4분의 1로 줄어들어요. 그래서 아주 무거운 물체를 들어 올려야 하는 기계에는 움직도르래가 여러 개 연결되어 있어요.

또한 고정도르래와 움직도르래를 연결해서 동시에 사용할 수도 있어요. 그러면 고정도르래로 힘의 방향을 바꾸어 주고 움직도르래로 들어가는 힘의 세기도 절약할 수 있어서 두 가지 효과를 한꺼번에 볼 수 있다는 장점이 있어요.

TIP 요건 몰랐지?

무거운 돌을 들어 올린 거중기

거중기는 조선 시대에 위대한 과학자 정약용이 만들었어요. 이 거중기 역시 도르래 원리를 이용하여 무거운 짐을 들어 올리는 장치예요.

1792년, 거중기를 이용해 무거운 돌을 들어 올려 수원성을 쌓았어요. 수원성은 1997년 유네스코 세계 유산으로 등록된 자랑스러운 문화 유산이지요.

거중기가 발명되기 전에 사용하던 큰 수레는 바퀴가 너무 크고 투박해서 돌을 싣기 어려웠어요. 그뿐 아니라 바퀴살이 너무 약해서 부러지기 쉽고, 만드는 데 비용도 많이 든다는 단점이 있었지요. 또한 썰매는 몸체가 땅에 닿아 밀고 끄는 데 힘이 들었어요.

거중기. © 이진섭@blog.naver.com/saraegi.do

거중기가 바로 수레와 썰매의 단점을 보완한 획기적인 발명품이에요.

거중기에는 위아래에 각각 네 개의 도르래가 연결되어 있어요. 아래 도르래 밑으로 물체를 달아 위 도르래 양쪽으로 잡아당길 수 있는 끈을 연결했어요. 이 끈을 다시 물레에 연결하여 감으면 물레를 돌림에 따라 도르래에 연결된 끈을 통해 물체가 위로 올라가요.

화장실에도 도구가 있어요

변기

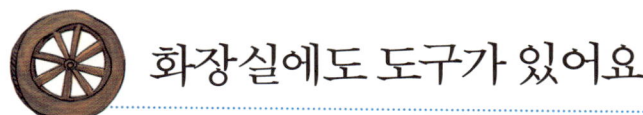

보통 가정집에 있는 좌변기는 등 뒤에 물통이 있어요. 우리가 대소변을 보고 손잡이를 내리면 물과 함께 오물도 내려가고, 변기 안은 다시 깨끗한 물로 채워지지요.

이 좌변기에는 물이 항상 차 있어야 하는 곳이 두 군데 있어요.

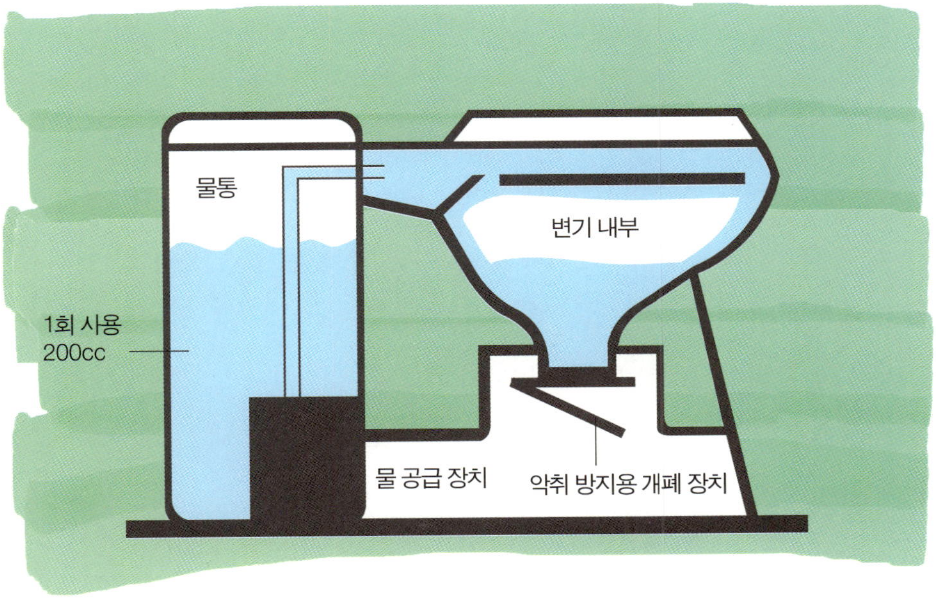

좌변기의 물통 안에는 항상 물이 어느 정도 차 있어야 한다.

첫 번째는 등 뒤에 있는 물통이고, 두 번째는 오물이 배수되는 배수관 입구예요. 이 배수관 입구에 물이 차 있어야 오수관에서 올라오는 악취나 벌레들을 막을 수 있어요. 오수관은 오물이 배출되어 저장되는 곳이지요.

좌변기 등 뒤에 있는 물통 뚜껑을 열고 손잡이를 당겨 물을 내리면, 물통 안의 사슬이 당겨지고 물통 밑의 고무마개가 들리는 것을 볼 수 있어요. 고무마개가 들린 틈으로 물이 빨려 내려가다가 물이 어느 정도 빠지면 닫히면서 다시 물이 차오르지요.

고무마개는 물이 한꺼번에 쭉 빠지다가 어느 순간 천천히 닫혀서 물이 조금씩 빠져나가게 해요. 물이 세게 빠질 때에는 분비물을 내려 보내는 역할을 하고 천천히 닫히면서부터는 변기 속에 물이 차오르게 해요. 변기 속에 물이 다 차기 전에 다시 손잡이를 내리면 차 올라 있는 물이 얼마 되지 않기 때문에 물이 조금밖에 못 내려가요.

변기 속 물의 양을 조절해 주는 것이 바로 공기주머니 모양의 부구예요. 부구 끝에 달린 나사를 조이면 물통의 물을 조금만 받게 되고 나사를 느슨하게 풀어 주면 물통의 물을 많이 받게 돼요.

압착기

변기가 막혔을 때에는 짧은 막대기 끝에 바가지 모양의 고무가 달린 압착기를 이용해 변기를 뚫곤 하지요. 우리가 흔히 '뚫어 뻥' 이라고 부르는 도구예요.

압착기에는 어떤 원리가 숨어 있기에 막힌 변기를 쉽게 뚫어 줄까요?

압착기의 끝에 달려 있는 바가지 모양의 고무를 막힌 변기에 대면 고무는 변기에 달라붙어요. 그때 막대기를 위아래로 여러 번 흔든 후 고무를 변기에서 떼어 내면 막혀 있던 변기가 시원하게 뚫리지요.

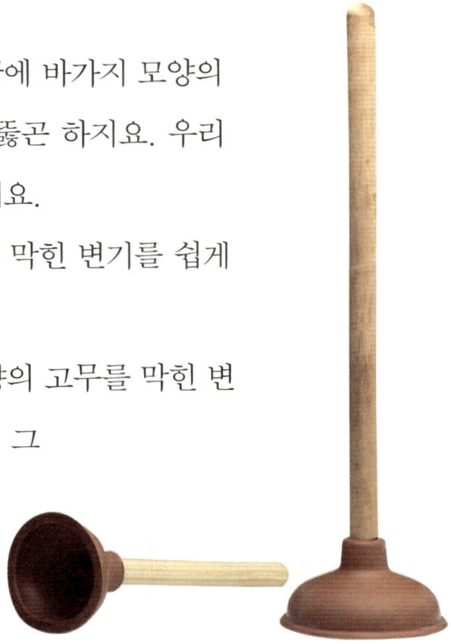

압착기는 고무의 탄성을 이용해 막힌 변기를 사원하게 뚫어 준다.

이것은 좁은 관에 화장지나 오물이 뭉쳐 있어 옴짝달싹 못하게 막혀 있다가 압착기가 변기에 밀착되어 흔들리면서 압력을 가해 휴지나 오물이 움직일 수 있는 공간을 만들어 주는 거예요. 비위생적인 오물을 직접 우리 손에 묻히지 않아도 압착기 같은 편리한 도구 하나로 간단히 해결할 수 있어요.

Q&A 꼭 알고 넘어가자!

문제 1 어떻게 사람이 직접 올라가지 않고도 국기를 게양대에 매달 수 있나요?

문제 2 조선 시대에 만들어진 획기적인 발명품인 거중기는 어떤 원리를 이용했나요?

3. 압착기 끝에 달려 있는 바가지 모양의 고무를 막힌 변기에 대면 고무는 변기에 달라붙어요. 그때 막대기를 위아래로 여러 번 흔든 뒤 고무를 변기에서 떼어 내면 변기가 시원하게 뚫려요. 좁은 관에 화장지나 오물이 뭉쳐 있어 옴짝달싹 못하게 막혀 있다가 압착기가 변기에 밀착되어 흔들리면서 압력을 가해 휴지나 오물이 움직일 수 있는 공간을 만들어 주는 거예요.

문제 3 화장실 변기가 막히면 압착기를 사용해요. '뚫어 뻥'이라고도 불리는 이 압착기는 어떤 원리를 이용한 도구인가요?

정답

1. 고정도르래 원리를 활용하기 때문이에요. 고정도르래를 거치면 물체는 내가 들어 올리는 반대 방향으로 움직여요. 원래 물체를 들어 올리기 위해서는 높은 곳으로 힘을 주어야 하지만 고정도르래를 이용하면 낮은 곳으로 힘을 주어야 물체를 들어 올릴 수 있어요. 이렇게 고정도르래는 힘의 방향을 바꾸어 주기 때문에 높이 올라가지 않아도 국기를 게양대에 매달 수 있어요.

2. 거중기에는 위아래에 각각 네 개의 도르래가 연결되어 있어요. 아래 도르래 밑으로 물체를 달아 위 도르래 양쪽으로 잡아당길 수 있는 끈을 연결했지요. 이 끈을 다시 물레에 연결하여 감으면 물레를 돌림에 따라, 도르래에 연결된 끈을 통해 물체가 위로 올라가요.